AF230498

# VOYAGE ET SÉJOUR

DE

# HENRI DE FRANCE

## DANS LA GRANDE-BRETAGNE.

Nous avions eu la pensée de joindre à cette relation le tableau général des personnes qui sont allées à Londres; mais les inexactitudes, les omissions ont en pareille matière de graves inconvéniens; et, pour rectifier les listes fort incomplètes et défigurées par de nombreuses erreurs de noms que la presse anglaise a données, il aurait fallu retarder une publication que beaucoup de personnes attendaient.

IMPRIMERIE D'ÉDOUARD PROUX ET C*,
RUE NEUVE-DES-BONS-ENFANS, 3.

# VOYAGE ET SÉJOUR

DE

# HENRI DE FRANCE

## DANS LA GRANDE-BRETAGNE.

OCTOBRE 1843. — JANVIER 1844.

*Relation populaire,*

## PAR M. THÉODORE MURET.

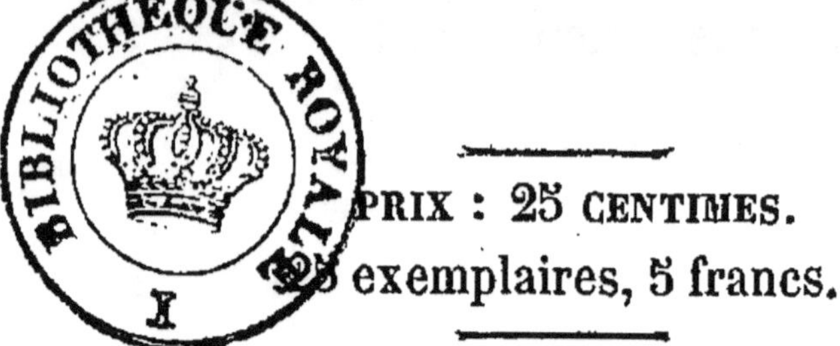


PRIX : 25 CENTIMES.

25 exemplaires, 5 francs.

## Paris.

AU CABINET DE CORRESPONDANCE GÉNÉRALE,

RUE NEUVE-DES-BONS-ENFANS, 3.

ET CHEZ DENTU, PALAIS-ROYAL,

GALERIE VITRÉE, 13.

Janvier 1844.

# VOYAGE ET SÉJOUR

## DE

# HENRI DE FRANCE

## DANS LA GRANDE-BRETAGNE.

### OCTOBRE 1843. — JANVIER 1844.

Chacun se rappelle le grave accident qui mit naguère en danger les jours de Henri de France : mais il ne sera pas inutile d'en reproduire ici les détails.

Le 28 juillet 1841, dans une promenade aux environs du château de Kirchberg, en Autriche, le cheval du prince fut effrayé par une charrette de moissonneurs. Excellent et hardi cavalier, Henri voulut le forcer à passer outre et piqua des deux. Le cheval, alors, se cabra violemment et se renversa sur lui de tout son poids. Ajoutons qu'à quelques pas derrière, se trouvait une barrière hérissée de pointes sur laquelle le prince pouvait être lancé ! Les personnes de sa suite accouraient en le priant de ne faire aucun mouvement, d'attendre qu'on le dégageât. Henri, par un sentiment que l'on taxera peut-être d'imprudence, mais qui est très conce-

*

ble dans un noble cœur de vingt ans, voulut se
er d'affaire lui-même. Dans cette terrible chute,
main droite n'avait pas lâché sa cravache. Il en
séna un vigoureux coup sur la tête du cheval qui,
isant un violent effort pour se relever, prit mal-
ureusement, comme point d'appui, la cuisse gau-
e du prince. C'est seulement alors, et non au mo-
ent même de la chute, que la fracture eut lieu.

On sait qu'un des premiers mots de Henri, quand
se sentit gravement blessé, fut celui-ci : « Quel
ommage que ce ne soit pas plutôt sur un champ
bataille ! » Il supporta avec le plus admirable cou-
ge un traitement excessivement pénible et dou-
ureux, qui le tint cloué, pendant plus de deux
ois, dans une complète immobilité, lui, accoutumé
une vie si occupée, si bien remplie ! Les habiles
aticiens à qui cette cure fait tant d'honneur,
M. Bougon et Wattmann, proclamèrent tout haut
ue, pour le succès du traitement qu'ils entrepri-
ent, il fallait chez leur auguste malade cette rare
se de patience et de fermeté. Sa guérison aurait
u s'accomplir en moins de temps et avec beaucoup
oins de souffrances. Mais il serait resté boiteux,
Henri préféra se résigner à tout, afin qu'aucune
firmité ne gênât, plus tard, son activité natu-
elle.

Dieu, dont la protection s'était si miraculeuse-
ent étendue sur le fils de l'auguste victime du
3 février, dès avant sa naissance, sembla n'avoir
ermis l'accident du 28 juillet que pour faire écla-
er une fois de plus cette grâce visible. Ce fut d'ail-
eurs une occasion que sa divine providence ména-
ea au petit-fils d'Henri IV, pour montrer, dans

cette longue et rude épreuve, l'heureux mélange de bienveillance et de fermeté, de courage et de douceur qui forme son caractère. Enfin, d'une part les angoisses et les ardentes prières de tous les cœurs fidèles, de l'autre part, la hideuse joie, les abominables espérances exprimées par certaines gens, la profonde sensation produite par cet événement dans l'Europe entière, tout concourut à témoigner quelle place immense tient en ce monde le descendant de tant de rois, malgré l'exil et la proscription dont on l'a frappé.

L'année suivante, le jour anniversaire de sa chute de cheval, en apprenant la tragique fin du fils aîné de Louis-Philippe, qui avait trouvé la mort dans un accident en apparence bien moins dangereux, Henri de France, toujours inspiré par la même noblesse d'âme, écrivit à M. le marquis de Pastoret :

« A la nouvelle du triste événement dont vous
» me parlez dans votre dernière lettre, ma première
» pensée a été de prier et de faire prier pour celui
» qui en a été la malheureuse victime. J'ai été plus
» favorablement traité l'année dernière, et j'en
» rends d'autant plus de grâces à la Providence,
» que j'espère qu'elle ne m'a conservé la vie que
» pour la rendre un jour utile à mon pays. Quel
» que soit le cours des événemens, ils me trouve-
» ront toujours prêt à me dévouer à la France et à
» tout sacrifier pour elle. »

Les ménagemens encore imposés au prince pour consolider sa guérison l'empêchèrent, pendant l'année 1842, de donner un grand développement à ses voyages. Néanmoins, il visita Munich, cette capitale si riche en curiosités artistiques, et Venise, où

l. le capitaine de vaisseau Villaret-Joyeuse, un des meilleurs officiers supérieurs de notre marine, lui servit de guide pour étudier tout ce qui se rapporte à la science navale.

Au commencement de septembre 1843, Henri de France, sous le nom de *comte de Chambord*, qui rappelle l'hommage offert à son berceau par l'élan national, entreprit un voyage beaucoup plus étendu. Il se rendit d'abord en Saxe, où le roi et la famille royale le reçurent de la manière la plus affectueuse ; puis il visita Berlin qu'il ne connaissait pas encore. Dans le trajet de Leipsick à Berlin, sur le chemin de fer, il rencontra la grande-duchesse Hélène de Russie, femme du grand-duc Michel, accompagnée de ses trois filles, jeunes princesses éminemment distinguées par leurs grâces et leurs aimables qualités. La grande-duchesse, en s'arrêtant à la station, apprit que le comte de Chambord était là, et témoigna le plus vif désir de le voir. Elle ne poursuivit sa route qu'après un court entretien qui lui permit d'apprécier, de son côté, combien Henri de France est digne de son illustre race.

De Berlin, où il avait trouvé le même accueil que partout, le comte de Chambord alla s'embarquer à Hambourg pour la Grande-Bretagne.

En se déterminant à visiter ce pays, l'auguste voyageur avait deux motifs :

Compléter son éducation en étudiant les mœurs, les lois, les institutions, les établissemens industriels et publics d'une contrée si intéressante sous tous les rapports, et qu'il avait quittée, en 1833, trop jeune pour la bien connaître ;

Mettre le plus grand nombre possible de Franchis à même de venir le voir, afin que chacun pût l'apprécier et le juger; s'entourer de tous les renseignemens, de tous les avis propres à lui faire apprécier les besoins et les véritables intérêts de sa patrie.

La seule annonce de ce voyage fut un grand sujet d'émoi pour les ministres du juste-milieu. Ils auraient voulu qu'Henri demeurât éternellement caché dans une petite ville lointaine des Etats autrichiens, où bien peu de Français avaient la possibilité de se rendre. Mal rassurés par les forces matérielles dont ils disposent, par les bastilles au milieu desquelles ils se retranchent, les doctrinaires virent pour eux un grave danger lorsque l'auguste exilé serait à quelques heures de nos rivages, lorsqu'il pourrait respirer l'air que le vent lui apporterait de sa patrie, et, qui sait? apercevoir de loin, par un temps clair, cette terre de France, ce grand royaume, ouvrage de ses aïeux.

Ce n'était pas assez, pour les doctrinaires, que la jeune reine Victoria, désireuse d'amuser ses loisirs, eût accordé à leurs pressantes invitations cette petite excursion jusqu'à la côte française, dont nos intérêts nationaux pourront bien se ressentir d'une triste façon. Les ministres anglais, invoquant leur responsabilité constitutionnelle, avaient détourné leur souveraine d'aller, comme on s'en flattait, jusqu'à Paris où déjà l'on préparait tout pour sa réception; et M. Guizot et ses collègues éprouvaient le besoin de se rassurer sur la solidité d'une alliance qui leur est si chère. Le voyage du duc de Nemours en Angleterre révéla bien maladroitement les inquiétudes officielles. Le ministère Guizot espérait, par ce moyen, contrebalancer l'effet de la présence du comte de Chambord : cette prétendue habileté ne fut qu'une lourde faute.

Henri de France s'embarqua, le 4 octobre, sur le paquebot à vapeur *le Hambourg*. Le surlendemain, après une traversée de quarante-huit heures, il abordait à Hull, port de l'Angleterre très important par son immense commerce avec le nord de l'Allemagne. Les jours suivans, au moyen des nombreux chemins de fer qui sillonnent de toutes parts la Grande-Bretagne, le prince parcourut le bassin du Humber, les villes d'York et de Newcastle, le port de Sunderland, toute cette partie de la côte nord-ouest de l'Angleterre qui se livre avec une si grande activité à l'exportation de la houille. Là encore, il était accompagné de M. de Villaret-Joyeuse, et il avait d'ailleurs pour guide le remarquable ouvrage publié par M. Charles Dupin sur l'Angleterre, considérée principalement au point de vue industriel.

Le comte de Chambord, franchissant la frontière, se dirigea vers Edimbourg, sans oublier de visiter Abbotsford, la demeure de l'illustre romancier, Walter-Scott. Henri avait passé à Edimbourg près de trois ans ; il y avait laissé et en avait emporté de précieux souvenirs. Dans cette capitale, dans les campagnes voisines, au sein même des montagnes de l'Écosse, bien des cœurs se rappelaient avec attendrissement le royal enfant, proscrit si jeune, mais pratiquant, autant que sa nouvelle position le permettait, les charitables habitudes que les leçons, et, mieux encore, les exemples de son auguste famille lui avaient enseignées au sein des grandeurs. Plus d'une fois, dans ces chaumières où vivait encore le culte pieux de la légitimité malheureuse, des cheveux blancs s'étaient découverts devant le rejeton des Bourbons, qui venait partager le pain noir du montagnard ; de pauvres mères avaient baisé respectueusement cette main enfantine d'où tombaient des bienfaits répandus de si grand cœur. A cette époque, une vieille femme d'Edimbourg, assise au seuil d'une misérable cabane, répondait à un Français qui lui demandait si elle connaissait Henri : « Je ne connais pas de plus » joli petit garçon ; il est bon pour les pauvres » gens, et il ne garderait pas l'argent lorsque quel- » qu'un en a besoin. Et tant pis sera pour nous tous » ici lorsqu'il s'en ira chez lui en France. »

Assurément de tels souvenirs sont bons à retrouver. La jeunesse virile de Henri ne devait d'ailleurs démentir pour personne les promesses de son enfance.

La population d'Edimbourg, sans distinction de classe, témoigna vivement, par son accueil, combien elle était heureuse de revoir son hôte d'autrefois. Les visites empressées des personnages les plus considérables, les *vivat* de la foule réunie devant l'hôtel où logeait Henri, témoignaient assez des sentimens des loyaux Ecossais de toutes les classes.

Pendant les quelques jours qu'il passa dans la capitale de l'Ecosse, Henri parcourut tous les lieux auxquels se rattachaient quelques souvenirs de cette époque de sa vie, notamment le vieux palais des Stuarts, Holy-Rood, qui était devenu, après 1830, l'asile des Bourbons proscrits ; il parcourut tous les établissemens d'utilité ou d'industrie qui pouvaient exciter son attention. Leith, son port, ses chantiers de construction, ne furent pas oubliés. Il visita aussi, près d'Edimbourg, dans le plus grand détail, une ferme modèle, en témoignant tout l'intérêt que lui inspire l'agriculture, cette mère nourrice de l'homme, qui, malheureusement aujourd'hui, n'est pas encouragée en France comme elle devrait l'être.

M. Guillerez, de Nancy, professeur de langue française, établi à Edimbourg, eut l'honneur d'être présenté par M. le duc de Lévis au comte de Chambord, et lui offrit un poème ou chant approprié à la circonstance, relié aux armes royales et orné de fleurs de lis. En présentant son œuvre au prince, le professeur raconta respectueusement une petite anecdote de la vie de Charles X, lors d'une visite du feu roi à Nancy. Cette anecdote était un trait touchant de bienfaisance. L'hommage de M. Guillerez fut accueilli avec la bienveillance la plus gracieuse, et le prince lui témoigna le plaisir qu'il éprouve toujours à voir un compatriote.

Le 24 octobre, Henri de France quitta Edimbourg non sans y laisser des marques de sa libéralité. La foule, réunie devant l'Hôtel-Royal au moment de son départ, le salua de ses bruyantes acclamations. Voici en quels termes le *Caledonian Mercury*, journal d'Edimbourg, se rendit l'interprète de l'impression générale :

« La personne du prince est extrêmement prévenante ; le feu de l'intelligence brille dans ses traits, et il a vivement rappelé à notre esprit les portraits de son ancêtre Louis XIV dans son jeune âge. Mais à la majesté de la figure du grand roi, il joint une douceur et un charme d'expression qui lui gagnent rapidement tous les cœurs. Ses manières sont remplies d'une affabilité sans apprêt et d'une bonté dont on a eu la preuve, entre autres, dans ses questions multipliées et pleines d'un vif intérêt sur toutes les personnes qu'il a connues ici dans son enfance. Enfin, il n'est pas un de ceux qui ont eu le privilége de jouir de sa société qui n'en soit sorti avec un véritable sentiment d'admiration. »

En quittant Edimbourg, le comte de Chambord s'arrêta quelques momens chez plusieurs grands seigneurs du pays, qui avaient sollicité l'honneur de sa visite, et qui lui prodiguèrent les attentions de la plus magnifique hospitalité. Il arriva le 27 octobre à Glascow, la capitale industrielle de l'Ecosse. Indépendamment de MM. le duc de Lévis, le duc des Cars et Villaret-Joyeuse, il était accompagné de M. Barande, l'un des élèves les plus distingués de l'Ecole Polytechnique, son ancien sous-précepteur. Personne n'était plus capable que M. Barande de démontrer à Henri l'application pratique après la théorie.

Dès son arrivée à Glascow, le comte de Chambord se rendit à l'Université où l'attendait le principal, M. Mac-Fartane, assisté par plusieurs professeurs et dignitaires des diverses Facultés. Le prince parcourut en détail les collections d'histoire naturelle, le cabinet d'anatomie, la bibliothèque et les autres parties de cet édifice consacré à l'instruction ; ensuite il se rendit à l'ancienne cathédrale dont il admira le noble style d'architecture normande.

Le reste de la journée fut employé tout entier à visiter des établissemens industriels. L'auguste voyageur passa plus de deux heures dans la vaste fabrique de produits chimiques de M. Tenant, et examina les procédés employés pour préparer l'acide sulfurique et nombre d'autres substances indispensables aux arts et aux manufactures : il voulut connaître en détail les perfectionnemens introduits dans cette fabrique aux proportions colossales.

M. le comte de Chambord parcourut ensuite une partie de la ville et du port de Glascow, en allant aux forges de MM. Dixon, situées dans les faubourgs. Là il voulut étudier toutes les opérations relatives à la production de la fonte avec l'emploi de l'air chaud. Dans une autre partie de ce bel établissement, il suivit avec les mêmes détails toutes les transformations successives de la fonte, pour obtenir les fers de diverses formes et qualités demandées par le commerce.

L'attention soutenue avec laquelle le noble visiteur examina ces opérations compliquées, et les questions spéciales qu'il adressa aux directeurs des fabriques, laissèrent apercevoir la variété de ses connaissances et le haut intérêt qu'il porte à toutes les questions qui concernent l'industrie et le commerce.

Le comte de Chambord s'était proposé de visiter les Highlands ou montagnes du nord de l'Ecosse ; mais la saison, déjà trop avancée, rendait ce voyage impossible et le prince se dirigea, de Glascow, vers l'Angleterre. Après un court repos à Lancaster, il arriva le 2 novembre, dans la soirée, à Liverpool.

Le 3, dès le matin, le comte de Chambord parcourait cette vaste et riche cité, dont les relations commerciales avec tout le globe ne le cèdent en importance qu'à la métropole des trois royaumes. Il visita d'abord les ateliers de MM. Bury et compagnie, où il examina diverses machines à vapeur et locomotives en cours de construction ; il parcourut ensuite la longue ligne des docks ou bassins, dans lesquels flottent constamment des milliers de navires. Voulant connaître en détail quelques uns des plus puissans steamers destinés, soit à la navigation côtière, soit au trajet de l'Atlantique, il monta successivement à bord de *l'Admiral*, qui navigue entre Liverpool et Glascow, puis de *l'Acadia* et du *Great-Western*, récemment arrivés des États-Unis ; afin de comparer entre eux l'ancien et le nouveau système de navigation, il visita également la *Queen of the west*, magnifique paquebot à voiles du plus fort tonnage, récemment construit avec tous les perfectionnemens imaginables pour soutenir la concurrence des grands bateaux à vapeur entre l'Europe et le Nouveau-Monde. Le prince, accueilli avec tout l'empressement possible par les armateurs et capitaines de ces divers navires, s'entretint avec eux, sur les questions les plus intéressantes relatives à la navigation transatlantique.

Le comte de Chambord consacra ensuite quelques momens à voir les bâtimens de la douane, et se rendit à l'Hôtel-de-Ville, où il était attendu par le maire, M. Robertson Gladstone, frère du ministre actuel du commerce. En parcourant l'édifice, ou plutôt le palais, qui témoigne de la richesse de la population qui l'a élevé, le prince français reçut du premier magistrat municipal qui l'accompagnait, les documens les plus dignes d'attention sur les développemens prodigieux de Liverpool, et sur l'état présent de ses relations commerciales avec le globe. M. Robertson Gladstone voulut montrer aussi au prince la Bourse, voisine de l'Hôtel-de-Ville. En ce moment on voyait dans cette vaste enceinte une multitude de groupes dont l'attention était tout absorbée par les affaires, qui là se traitent sur une si vaste échelle. Mais en un clin d'œil, la nouvelle de la présence de l'auguste étranger se répandit dans la place et les galeries qui l'entourent. Tous les groupes se rassemblèrent en une foule qui se pressait autour du prince, en lui donnant des témoignages respectueux de l'intérêt qui s'attache à sa personne partout où il paraît.

Le lendemain, 4 novembre, le comte de Chambord passa une partie de la matinée dans les ateliers et embarcadères du chemin de fer. Un des directeurs, M. Wood, lui servit de guide dans ces vastes établissemens, qu'on peut citer comme des modèles pour toutes les entreprises du même genre. En sortant de ces ateliers le prince alla déjeûner à Edge-Lane-Hall, chez M. Francis Heyvood, qui l'avait accompagné dans toutes ses courses à Liverpool, communiquant à chaque occasion les renseignemens les plus instructifs que sa double profession de négociant et de littérateur distingué l'ont mis, plus que tout autre, à portée de recueillir.

Henri de France avait reçu du comte de Shrewsbury l'invitation la plus pressante d'honorer de sa présence, pendant quelques jours, le château d'Alton-Towers, résidence vraiment royale, appartenant à ce seigneur. Outre plusieurs centaines de personnes appartenant à la plus haute noblesse anglaise, le comte et la comtesse de Shrewsbury avaient d'avance réuni, dans cette magnifique demeure, M. Berryer, notre grand orateur, qui défend avec un si admirable talent les droits et les intérêts nationaux, et qui a trouvé, en Angleterre, de la part des hommes éminens de toutes les opinions, l'accueil dû à son mérite; M. le marquis et madame la marquise de Pastoret, madame la duchesse de Lévis, M. le duc de Guiche, M. le prince Gaston de Montmorency qui, déjà, étaient arrivés de France. Henri de France arriva le 4 novembre à cinq heures du soir, dans ce château d'Alton, resplendissant de tout l'éclat qu'avait pu déployer son opulent et magnifique propriétaire. Cependant, autour de la voiture dans laquelle voyageait Henri, point de garde, point de brillant état-major. Sur les panneaux on voyait seulement un H couronné. Lord Shrewsbury, avec un tact parfait, avait tout disposé pour rappeler, le mieux possible, à son hôte auguste, la patrie absente. A l'arrivée du prince, un brillant orchestre fit retentir l'air français de *Vive Henri IV !* Mais, plus encore que toutes ces attentions si délicates, ce qui fut doux au cœur de Henri, ce fut de rencontrer là des Français, des compatriotes; c'était déjà comme un avant-goût du bonheur qu'il allait bientôt trouver à Londres.

Si sensible que fût Henri aux soins empressés des nobles châtelains d'Alton-Towers, il préférait, à tous les divertissemens, à toutes les fêtes, les occasions de s'instruire dans la science industrielle, er les besoins et l'existence de la classe n rapportant et appliquant toujours à la eflexions que ces études lui inspiraient.

Le 8, le prince passa une bonne partie de sa journée à examiner les fabriques de poterie et de porcelaine qui, depuis le temps de Wedgwood, occupent une partie considérable de la population du comté de Stafford. Les établissemens de MM. Minton, situés à Stoke-Upon-Trent, et qui emploient plus de mille ouvriers, lui présentèrent le modèle le plus complet de ces industries, dont il voulut suivre tous les travaux en détail.

Le lendemain, de bon matin, M. le comte de Chambord, ayant quitté Alton-Towers, se dirigea vers Manchester, où sir Thomas de Trafford avait tout disposé pour la visite de plusieurs des plus grandes manufactures. Le prince commença ses courses par la fabrique de toiles peintes de MM. Hoyle et compagnie, qui s'empressèrent de faire exécuter, sous ses yeux, tous les procédés variés qu'ils suivent pour teindre et imprimer les étoffes de coton. Ensuite M. le comte de Chambord se rendit à la filature de MM. Holdsworth, où près de douze cents ouvriers se trouvaient réunis sous un même toit. Il suivit dans l'ordre de fabrication toutes les opérations par lesquelles le coton brut est nettoyé, cardé, filé et préparé pour divers usages, et il considéra attentivement les effets étonnans de ces machines.

Avant la fin de la journée M. le comte de Chambord put voir encore la fabrique d'étoffes de soie damassées de MM. Schwabe. Il y examina avec intérêt, parmi divers objets fabriqués, des étoffes de verre; mais il fixa particulièrement son attention sur les métiers à la Jacquart. Il parut entendre avec beaucoup de plaisir les fabricans anglais reconnaître les immenses services que leur rend cette ingénieuse machine, et avouer en même temps la supériorité incontestable que conservent toujours les produits de l'industrie lyonnaise. Dans le cours de ces visites, au milieu de cette nombreuse variété de machines, d'inventions et de procédés destinés à multiplier les forces humaines ou à vaincre des difficultés d'exécution, le comte de Chambord s'informa constamment du nom des inventeurs, du lieu qui les a vus naître et des circonstances les plus saillantes de leur existence ; et l'on pouvait lire sur son visage la satisfaction qu'il éprouvait en entendant prononcer un nom qui lui rappelait son pays.

Après cette journée si utilement employée, le prince alla dîner à Trafford-Parc, où sir Thomas de Trafford lui offrit une noble hospitalité.

Le 10, dès le matin, l'auguste voyageur, après avoir jeté un coup d'œil sur les belles races de bétail qu'élève sir Thomas, retourna à Manchester pour employer une grande partie de la matinée à parcourir les immenses ateliers, justement nommés *Atlas-Works*, de MM. Sharp, Roberts et compagnie. M. Sharp conduisit lui-même M. le comte de Chambord dans toutes les parties de son établissement, si connu de tout ce qu'il y a de constructeurs en Europe. Il montra en mouvement une variété inconcevable de machines avec lesquelles on travaille le fer, pour créer cette puissance à laquelle la Grande-Bretagne doit sa supériorité dans les produits à bon marché.

Avant de quitter Manchester, dont la population, toujours si affairée, s'était, cependant, empressée sur les pas du noble visiteur, M. le comte de

Chambord accepta une collation chez M. Herbert, doyen de l'église anglicane, et repartit ensuite pour Alton-Towers, où il arriva assez tard. Le beau village de Farley, qu'il traversa en chemin, avait été spontanément illuminé par les habitans.

Le 13 novembre, dans la soirée, le prince arriva à Sheffield. Le lendemain il visita la fabrique d'acier de MM. Sanderson, qui mirent le plus grand empressement à tout disposer pour que M. le comte de Chambord pût voir chacune des opérations pratiquées pour convertir les fers de Suède, d'abord en acier de cémentation, et puis en acier fondu. Il fut conduit aussi, par MM. Sanderson, aux usines qu'ils possèdent à quelques milles de Sheffield, et où les prismes massifs d'acier fondu sont convertis, soit en barres, soit en feuilles destinées à divers genres de fabrication.

Au retour de cette excursion, M. le comte de Chambord parcourut l'établissement où l'on produit le gaz d'éclairage. Il examina successivement la distillation de la houille, la purification de l'hydrogène carboné et les moyens ingénieux par lesquels on exerce la surveillance du travail, et on règle la distribution du gaz dans la ville.

Le prince se rendit ensuite aux ateliers de MM. Rogers, couteliers de S. M. Britannique, chez lesquels on trouve, sur la plus grande échelle, un exemple complet de la fabrication spéciale à Sheffield. Il s'appliqua à examiner les procédés de ventilation adaptés aux ateliers où l'on passe sur la meule les pièces de coutellerie, et il vit avec satisfaction que, grâce aux soins de fabricans éclairés et humains, l'opération de l'*aiguisage*, jadis si funeste à la santé des ouvriers, a perdu aujourd'hui une grande partie de ses dangers pour ceux qui la pratiquent.

Après avoir visité les ateliers où MM. Rogers font des plaqués de toutes les formes, M. le comte de Chambord se fit conduire dans la fabrique de MM. Dixon. Là, il vit préparer l'alliage connu sous le nom de *Britannic metal*, auquel on donne ensuite dans les mêmes ateliers toutes les formes imaginables pour servir aux besoins et aux commodités de la vie matérielle. Le prince, en se retirant, témoigna à MM. Dixon sa satisfaction de connaître les procédés expéditifs et ingénieux qu'ils emploient dans cette immense fabrique.

Il était déjà tard lorsque le comte de Chambord se mit en route pour Manchester, où il n'arriva que vers trois heures du matin. Après un court repos, il se dirigea vers Worsley, où il se proposait de voir les canaux et les mines, si célèbres, du duc de Bridgewater. M. Smith, directeur de cette vaste administration, avait déjà fait toutes les dispositions convenables pour recevoir le prince.

S'étant revêtu du costume obligé, M. le comte de Chambord pénétra en bateau dans les canaux souterrains qui, se développant sur trente-huit milles de longueur (près de treize lieues), attestent à la fois le génie de l'ingénieur Brindley, et les hardies spéculations du duc de Bridgewater. Pendant plusieurs heures, le prince parcourut divers étages des canaux d'exploitation, communiquant entre eux par un grand nombre de puits. Il descendit aussi par ces puits à des profondeurs considérables, pour observer les diverses couches de houille et les moyens d'exploitation de ce trésor accumulé en ces lieux avec tant de libéralité par la Providence. L'attention de l'auguste visiteur était doublement excitée, d'abord par la vue des travaux, les plus grands qu'un simple particulier ait jamais exécutés à ses frais, et ensuite par le désir de se faire une idée exacte d'un projet analogue qu'une compagnie se prépare à réaliser entre le Rhône et la Loire, à travers le bassin de houille de Saint-Etienne. En sortant des mines de houille, M. le comte de Chambord accepta une collation offerte par M. Smith, et il partit ensuite pour aller dîner et coucher chez sir Thomas de Trafford, descendant des Normands, dont nous avons signalé déjà l'empressement hospitalier.

Le 16, à sept heures du matin, le prince quitta Trafford-Parc, et, à neuf heures, il partait pour Leeds, sur le rail-way de Manchester. Le trajet entre ces deux villes intéressa vivement M. le comte de Chambord, par la vue des grands travaux que présente cette ligne, qui traverse une chaîne élevée et se développe dans des gorges étroites où la nature du terrain, les canaux, les routes et les usines, partout semés, offrent mille difficultés vaincues.

A une heure après midi, M. le comte de Chambord était à peine entré dans Scarborough's-hotel, à Leeds, lorsque M. Marshall, l'un des chefs de la plus grande manufacture du pays, vint lui offrir ses services pour le guider dans la ville. Le prince voulut d'abord visiter la filature de lin de MM. Marshall qui emploient 2,000 ouvriers dans une même enceinte. L'une des salles de travail, récemment bâtie sur 400 pieds de longueur et 200 pieds de largeur, excita l'admiration du royal visiteur par ses dimensions extraordinaires. Mais ce que le prince remarqua surtout, dans cette grandiose manufacture, c'est la pureté de l'air et l'apparence de santé de ceux qui le respirent. Les résultats industriels les plus brillans seraient achetés trop chers, aux yeux du petit-fils du bon Henri, si l'on ne parvenait à les concilier avec l'intérêt des travailleurs. M. Marshall, en expliquant les moyens par lesquels on maintient dans la salle une température uniforme, montra dans les souterrains une machine à vapeur uniquement employée à la ventilation. Il fournit aussi à M. le comte de Chambord les plus intéressantes notions sur les perfectionnemens récens de la filature du lin, et sur les rapides progrès de cette industrie dans les diverses contrées de l'Europe.

Durant l'après-midi, le prince visita également la fabrique de draps de M. Gott, qui est une des plus considérables du pays. M. Gott, avant de commencer la tournée des ateliers, laissa entrevoir le désir qu'avait sa vieille mère de voir le petit-fils de Charles X. Le royal voyageur s'empressa de se rendre auprès de cette respectable dame, et passa quelques momens au milieu de la famille du fabricant, qui paraissait vivement émue. M. Gott guida ensuite le prince dans toute les parties de sa fabrique où l'on voit la laine brute subir toutes les opérations nécessaires pour la convertir en drap prêt à être livré à la consommation. Le comte de Chambord demanda à voir les étoffes déjà fabriquées pour le commerce de la Chine, et fit diverses questions sur les avantages que l'industrie se promet des relations récemment établies avec cette contrée.

La plus grande partie de la journée du 24 fut employée par le comte de Chambord à examiner diverses industries qui prospèrent dans le Northumberland, contrée si riche en combustible minéral.

Chez M. Wailes, le prince vit reproduire avec une remarquable exactitude les vitraux les plus curieux du moyen-âge. M. le comte de Chambord parcourut ensuite les ateliers nommés Northumberland-Flintglass-Works où sont soufflés et taillés les cristaux destinés aux services de table et à l'ornement des habitations les plus riches. De là, le prince se dirigea vers l'établissement de MM. Cooksons, où on polit et étame les glaces. Ce qui attirait plus spécialement Henri de France dans ces ateliers, c'était l'espoir d'y voir exécuter les grandes lentilles composées, que le célèbre physicien Fresnel a inventées et appliquées à l'éclairage des phares. Mais le directeur, M. Jons, exprima le regret de montrer sans mouvement les belles machines destinées à fabriquer ces appareils d'optique, parce que les perfectionnemens récemment découverts et appliqués en France, à cette industrie née chez nous, ont totalement paralysé la redoutable concurrence de l'Angleterre. C'est en France que les Anglais, ainsi que les autres nations, achètent ces puissantes lentilles qui ont déjà rendu de si grands services à la navigation.

Dans la même journée, M. le comte de Chambord vit encore la scierie à vapeur de MM. Burnup, qui font débiter toutes sortes de bois par des scies droites et des scies circulaires mues au moyen des mécanismes les plus simples et les plus économiques. Le procédé ingénieux du jet de vapeur employé à détruire la fumée des fourneaux attira l'attention du prince.

La connaissance de la langue anglaise qu'Henri possède parfaitement, ainsi que l'allemand et l'italien, lui fut d'un puissant secours pour profiter pleinement de ces intéressantes visites.

Au milieu de ces sérieuses études, Henri de France dut encore se rendre aux sollicitations de plusieurs grands seigneurs qui se disputaient l'honneur de lui offrir l'hospitalité. Parmi les plaisirs dont on l'entoura, citons seulement une grande chasse au renard, qui lui fournit l'occasion de montrer à tous si son accident lui avait rien enlevé, comme cavalier, de sa souplesse et de son audace. Pendant trois heures, il se tint au milieu des chasseurs les plus hardis, franchissant avec eux, haies, fossés et barrières, jusqu'au moment où le cor sonna les fanfares de la victoire.

D'Alnwick Castle, résidence du duc de Northumberland, qui avait représenté la Grande-Bretagne au sacre de Charles X, Henri de France partit enfin pour se rendre à Londres. Il lui tardait d'arriver dans cette capitale où, déjà, nombre de Français l'attendaient. Henri s'était fié à l'empressement spontané de ses amis. Il n'avait adressé qu'une seule invitation individuelle ; ce fut une distinction particulière accordée au premier de nos écrivains modernes, à la double illustration d'un grand caractère et d'un beau génie, à l'illustre vieillesse de M. de Châteaubriand. Chargé, sous la restauration, de soutenir les intérêts de la France devant l'étranger, comme ministre et comme ambassadeur, M. de Châteaubriand avait constamment tenu notre bannière haute et ferme. Jamais il ne s'était fait le flatteur des rois et des princes : souvent il leur avait fait entendre l'austère langage de la vérité. C'était une raison de plus pour qu'Henri l'appelât auprès de sa personne et voulût s'entourer de ses conseils.

Tandis que les hommes du juste-milieu, disposant à leur gré des places, des dignités, de toutes les ressources du budget, font de si pénibles, de si vains efforts pour attirer à eux des noms honorables, voyez quelle différence ! Henri va-t-il à Rome, à Berlin, à Londres ? Il se montre dans ces trois capitales, ayant auprès de lui M. de la Ferronays, M. de Saint-Priest, M. de Châteaubriand, qui, dans d'autres temps, y représentèrent si dignement la France. Rare privilége de ce prince proscrit et exilé ! Il n'a qu'un mot à dire pour que les hommes les plus distingués, en tout genre, que possède notre pays, quittent leurs affaires, leurs foyers et s'empressent d'apporter à son ardent désir de s'instruire le concours de leur expérience et de leurs lumières !

Parti de Paris le 19 novembre, malgré le poids de ses glorieuses années et les rigueurs d'une saison qui devait lui rendre, à son âge, ce voyage bien pénible, M. de Châteaubriand s'était embarqué à Boulogne où il reçut les hommages empressés de l'élite des citoyens. A Londres, il vint loger dans l'hôtel même que le comte de Chambord avait fait louer, sur la place de Belgrave (Belgrave-Square), pour le temps de son séjour dans la métropole de l'Angleterre. Le prince avait expressément réservé un appartement pour ce noble et sincère ami de sa famille, afin de l'avoir plus près de lui et d'être à même de le voir à toute heure.

Le duc de Nemours quitta Londres l'avant-veille de l'arrivée d'Henri de France dans cette capitale. A l'embouchure de la Tamise, son bâtiment échoua sur un banc de sable et ne s'en dégagea qu'avec l'aide d'un remorqueur.

Les doctrinaires auraient pu épargner ce voyage au fils de Louis-Philippe, si leur but était de fermer au comte de Chambord l'accès de la cour d'Angleterre ; car l'auguste exilé n'avait jamais songé à briguer l'amitié d'un gouvernement dont la constante hostilité contre l'intérêt français est si manifeste. Tandis que M. Guizot et consorts se faisaient décerner, dans les feuilles ministérielles de Londres, de pompeuses apothéoses ; tandis qu'un de ces journaux allait même jusqu'à promettre aux doctrinaires une levée en masse de l'Angleterre pour les soutenir en cas de besoin, Henri avait pris une toute autre attitude. Cette position se trouve parfaitement expliquée dans l'article suivant de la *Gazette de Metz et de Lorraine* :

« En même temps que M. le comte de Chambord est, en Angleterre, l'objet des hommages empressés d'un grand nombre de particuliers et de la respectueuse curiosité de populations entières, l'établissement et la politique de juillet reçoivent chaque jour les témoignages de la sympathie la plus vive et la plus passionnée de la part du gouvernement anglais et de ses feuilles officielles.

» Il y a là une double action qu'il importe de bien

comprendre, et dont nous croyons, pour notre compte, que les royalistes ont également lieu d'être satisfaits.

» Si M. le comte de Chambord, voyageant dans un but politique, était venu en Angleterre solliciter, ou avait eu seulement le malheur d'obtenir le patronage et les acclamations officielles d'un gouvernement dont la politique tend sans cesse à blesser la France dans tous ses intérêts moraux et matériels, à la contrarier dans tous ses projets, à la faire descendre dans l'estime de tous les peuples, à chasser son influence des conseils de tous les rois, les amis du royal exilé auraient eu profondément à gémir.

» Mais si M. le comte de Chambord, voyageant simplement pour son instruction, cherchant, comme il est du devoir de sa race et de sa destinée, à acquérir dans le commerce des hommes les plus distingués de tous les pays, dans des contacts immédiats avec tous les peuples, les lumières et l'expérience dont son esprit est avide; si M. le comte de Chambord, disons-nous, n'avait trouvé qu'un accueil indifférent ou glacé parmi ces plus illustres représentans de l'aristocratie la plus éclairée du monde, parmi ces populations si actives, si pénétrées du sentiment de leur dignité, si éprises de leurs franchises et de leurs libertés, nous l'avouons franchement, notre peine eût été grande aussi.

» Nous nous serions demandé si le respect dû aux grandes races royales était donc éteint jusque dans le cœur de ceux qui leur tenaient le plus près, ou bien si le rejeton de nos rois n'était pas effectivement de taille à commander ce respect, de valeur morale à satisfaire cette curiosité populaire à la fois si exigente et si perspicace.

» Grâce à Dieu, et ceci peut consoler les royalistes de tant d'années de disgrâces, d'épreuves, d'inquiétudes, grâce à Dieu, ni l'une ni l'autre de ces douloureuses suppositions ne se sont réalisées.

» Les sympathies du gouvernement ennemi-né de

la grandeur et de la prospérité de la France, sont res-
tées acquises à la révolution et à l'ensemble de faits
qui en découle, y compris l'embastillement de Paris.
Les hommages personnels, individuels de la noblesse
et du peuple, sont venus trouver le jeune voyageur, *le
jeune gentilhomme*, et nous ont assuré, par leur respectueux enthousiasme, qu'il y avait en lui un digne
rejeton de la race des saint Louis, des Henri IV et des
Louis XIV.

» Nous laissons volontiers les sympathies politiques,
les sympathies *anglaises* de l'Angleterre à M. Guizot et
à l'Angleterre. Nous gardons pour nous celles des
hommes de cœur, d'intelligence et de foi.

» Le gouvernement, à en juger par le luxe de ses
emprunts aux journaux anglais, est très content de
son lot. Nous savons nos amis très satisfaits du leur.
Tout est donc bien comme cela et peut y rester. »

Le 27 novembre, vers neuf heures du soir,
Henri de France descendit à Belgrave-Square. Au
moment où il mettait pied à terre, demandant
M. de Châteaubriand, l'illustre défenseur de la monarchie se présentait à la porte de l'hôtel. Par un
mouvement électrique, bien éloigné de la vieille
étiquette des cours, Henri, s'élançant de sa voiture,
serra dans ses bras le noble vieillard, dont l'émotion fut si forte que le prince dut le soutenir. On
ne saurait rendre l'effet que cette scène produisit
sur tous les assistans.

Le lendemain, 28, à midi, le comte de Chambord reçut les Français présens à Londres. Le
prince se tenait dans le grand salon, entouré de
MM. le duc de Lévis, le duc des Cars, de Villaret-Joyeuse et Barande. M. de Châteaubriand pré-
senta tous les Français en masse, puis le prince

…ston de Montmorency et le duc de Lévis présen-
…ent chacun d'eux individuellement. M. Berryer
…roduisit les autres membres de la chambre des
…putés déjà arrivés, à savoir : MM. le duc de
…lmy, le marquis de Preigne et Blin de Bourdon.
…ns cette première réception, cent vingt Fran-
…is offrirent successivement leurs hommages au
…ince. Henri s'entretint quelques momens avec
…acun d'eux, et l'on put s'assurer que, malgré son
…il et sa jeunesse, il n'ignore aucune illustration,
…cun dévoûment, et connaît aussi bien les intérêts
…caux que les intérêts généraux du pays.

…Le lendemain, 29, eut lieu une nouvelle récep-
…on, au sortir de laquelle on se rendit chez M. de
…âteaubriand, pour saluer ce glorieux patriarche
… la fidélité. M. le duc de Fitz-James, organe de
…tte réunion improvisée, prononça, au milieu des
…us vives sympathies, les paroles suivantes :

« Monsieur le vicomte,

» Après avoir salué Henri de France (1), il nous
restait un devoir à remplir : c'était de venir saluer en vous la royauté de l'intelligence. Vous
avez conseillé, hélas ! vous avez averti les rois
au jour de la prospérité. Vous venez aujourd'hui
soutenir et défendre le petit-fils de Louis XIV.
Vous donnez un grand spectacle au monde.

» La France qui, malgré tout, est toujours la
noble France, vous suit et vous admire ; elle vous
a laissé partir entouré de ses sympathies, parce
qu'elle comprenait que vous aviez une grande mis-

---

(1) Le *Journal des Débats* a mis : *le roi de France.*

» sion à remplir. Nous plaçons en vous notre espoir.

» Vous parlerez du passé pour qu'on évite les
» écueils, et votre génie montrera de loin l'avenir.

» Recevez les hommages de ces Français restés
» fidèles à la patrie ; et moi, Monsieur, le fils de
» votre ancien ami, permettez-moi de regarder
» comme le plus grand honneur d'avoir été choisi
» par ces messieurs pour être leur interprète au-
» près de vous. »

A peine M. de Fitz-James avait-il fini de parler, que la porte s'ouvrit. Henri avait voulu saisir
cette occasion de se trouver au milieu des Français qu'il avait vus pendant ces deux jours. Entrant
sans être attendu, il s'exprima en ces termes :

« J'ai appris, Messieurs, que vous étiez réunis
» chez M. de Châteaubriand, et j'ai voulu venir
» vous rendre votre visite.

» Je suis si heureux de me trouver au milieu des
» Français ! J'aime la France, parce que c'est ma
» patrie, et je ne pense au trône de mes pères que
» pour la servir, avec les sentimens et les principes
» que M. de Châteaubriand a si glorieusement
» proclamés, et qui ont dans le pays tant de bons
» défenseurs. »

Ces paroles si nobles, si patriotiques, spontanément élancées du cœur, et prononcées d'une voix
chaleureuse et pénétrante, vibrèrent jusqu'au fond
de toutes les âmes et produisirent un enthousiasme
impossible à exprimer. A peine Henri avait-il fini
de parler, que de longues acclamations lui répon-
dirent. « Et moi, Messieurs, » reprit-il alors, « je
crie : *Vive la France !* »

Pendant le temps que M. de Châteaubriand passa

Londres, Henri venait, tous les matins, s'asseoir familièrement sur le lit de celui qu'il appelait son *cher malade*, et multipliait ainsi les momens où il pouvait s'entretenir avec lui sur les intérêts de sa patrie. C'est dans le même but que Henri sortait chaque jour, seul dans sa voiture avec M. de Châteaubriand. Ces entretiens laissaient à l'homme d'État qui comprend si bien notre époque et qui sut toujours si admirablement allier les idées de vraie monarchie et celle de vraie liberté, la plus vive admiration pour la haute intelligence, pour les grandes vues du jeune prince dont la pensée se résume dans ces mots écrits par lui : JE VEUX LA FRANCE HEUREUSE, LIBRE, FORTE ET FIÈRE.

Les deux lettres suivantes sont des documens acquis à l'histoire :

Londres, le 4 décembre 1843.

Monsieur le vicomte de Châteaubriand, au moment où je vais avoir le chagrin de me séparer de vous, je veux vous parler encore de toute ma reconnaissance pour la visite que vous êtes venu me faire sur la terre étrangère, et vous dire tout le plaisir que j'ai éprouvé à vous revoir et à vous entretenir des grands intérêts de l'avenir. En me trouvant avec vous en parfaite communauté d'opinions et de sentimens, je suis heureux de voir que la ligne de conduite que j'ai adoptée dans l'exil, et la position que j'ai prise, sont en tous points conformes aux conseils que j'ai voulu demander à votre longue expérience et à vos lumières. Je marcherai donc avec encore plus de confiance et de fermeté dans la voie que je me suis tracée.

Plus heureux que moi, vous allez revoir notre chère patrie. Dites à la France tout ce qu'il y a, dans mon cœur, d'amour pour elle. J'aime à prendre pour mon interprète cette voix si chère à la France, et qui a si glorieusement défendu, dans tous les temps, les principes monarchiques et les libertés nationales.

Je vous renouvelle, Monsieur le vicomte, l'assurance de ma sincère amitié.

HENRI.

---

Londres, le 5 décembre 1843.

Monseigneur,

Les marques de votre estime me consoleraient de toutes les disgrâces ; mais, exprimées comme elles le sont, c'est plus que de la bienveillance pour moi, c'est un autre monde qu'elles découvrent, c'est un autre univers qui apparaît à la France.

Je salue avec des larmes de joie l'avenir que

vous annoncez. Vous, innocent de tout, à qui l'on ne peut rien opposer que d'être descendu de la race de saint Louis, seriez-vous donc le seul malheureux parmi la jeunesse qui tourne les yeux vers vous ?

Vous me dites que, plus heureux que vous, je vais revoir la France. *Plus heureux que vous !* c'est le seul reproche que vous trouviez à adresser à votre patrie. Non, prince, je ne puis jamais être heureux tant que le bonheur vous manque. J'ai peu de temps à vivre, et c'est ma consolation. J'ose vous demander, après moi, un souvenir pour votre vieux serviteur.

Je suis avec le plus profond respect,

Monseigneur,

Votre très humble et très obéissant

serviteur,

CHATEAUBRIAND.

De toutes les parties de la France, il arrivait sans cesse une foule de voyageurs, avides de présenter leurs hommages à l'auguste exilé. Il en vint un grand nombre des provinces les plus éloignées, du Languedoc, de la Provence, et certes, ce voyage, dans une telle saison, ne pouvait passer pour un amusement d'oisifs qui chercheraient seulement un but de promenade. De vieux chevaliers de Saint-

Louis voulaient saluer, avant de mourir, le fils de nos rois ; des pères lui présentaient leurs fils ; là se rencontraient tous les âges, l'ancienne et la nouvelle France. C'était un spectacle bien peu commun dans notre époque d'égoïsme et de cupidité.

Le bateau à vapeur *le Morlaisien* amena en une seule fois, au Hâvre, une douzaine de fidèles Bretons qui venaient dans ce port s'embarquer pour l'Angleterre : l'équipage du *Morlaisien* (c'est le *Journal du Havre*, feuille révolutionnaire, qui raconte le fait) leur fit cortége jusqu'au paquebot anglais, leur souhaitant heureux voyage, et regrettant sans doute de ne pouvoir les accompagner plus loin. Une pauvre veuve de cette noble province de Bretagne, dont le mari avait dignement payé sa dette de dévoûment dans les guerres de l'Ouest, habitait, avec son fils, un humble héritage d'un revenu de quelques centaines de francs. Le jeune homme se prenait pour la première fois à gémir de sa pauvreté, en voyant partir ceux de ses compatriotes qui, plus heureux, allaient à Londres. La mère vit son chagrin et en devina la cause. Elle engagea leur modeste avoir, et trouva ainsi la somme nécessaire pour faire le voyage. « Pars, mon enfant , » dit-elle à son fils ; « dans » quelques années, en nous privant de quelques » douceurs, nous aurons payé notre dette , et toi , » tu auras vu Henri de France, et à ton retour tu » m'auras dit tout ton bonheur pour m'en donner » un peu. »

Ainsi, le vœu du jeune homme a pu être exaucé. Noble mère ! noble famille ! Quel splendide et royal palais mérite plus de respect que cette humble maison, où vit tant de dévoûment et de grandeur d'âme !

Cette noblesse morale laisse bien loin derrière elle, aux yeux d'Henri, les titres les plus pompeux, les plus éclatantes armoiries, dont le propriétaire oublierait les obligations que lui imposent sa position et sa naissance. Chaque jour, des Français de tous les états, de tous les rangs, se pressaient dans les salons de Belgrave-Square. Si les gentilshommes y dominaient, c'est par la raison toute simple que dans cette classe surtout se trouvent les personnes à qui les avantages du loisir et de la fortune permettaient d'entreprendre ce voyage. Mais on y voyait aussi des écrivains, des artistes, des négocians, des artisans. Chez Henri, de simples ouvriers se trouvaient sur le pied d'une égalité parfaite avec les plus grands noms de France. Il est permis de croire que la féodalité des écus, les *veaux d'or* du juste-milieu, se montreraient, à cet égard, plus *aristocrates* que le petit-fils de Louis XIV. Henri appréciait même d'autant plus le dévoûment des hommes pauvres et obscurs, en raison des sacrifices qu'ils avaient dû s'imposer.

A Paris et ailleurs, il se fit, dans la classe ouvrière, des cotisations, afin d'envoyer des députations à Londres. Citons une lettre écrite d'Angleterre par un ouvrier, et publiée par la *Gazette de Flandres et d'Artois*, qui paraît à Lille :

« Parti avant-hier d'Ostende à deux heures du matin, je suis arrivé à Londres à quatre heures du soir, et sans tarder, comme on me l'avait dit, je suis allé me faire inscrire à Belgrave-Square.

» Hier, à midi, j'y suis retourné. Bientôt après j'ai eu le bonheur d'accomplir le but de mon voyage ; j'ai été présenté seul par M. le duc de Lévis à notre bien aimé Henri de France. J'ai reçu du prince l'accueil le plus honorable, le plus capable de satisfaire un cœur fidèle. C'est aussi avec une extrême bienveillance que Monseigneur a reçu les quelques lignes écrites en témoignage des sentimens qui m'animent, et j'ai été comblé en recevant de sa main une médaille qui sera le souvenir d'une journée mémorable. M. le duc des Cars avait eu la bonté de me conduire et de me ramener ; M. Barande m'avait cherché dans la foule des pèlerins pour me remettre à lui ; j'ai été l'objet des attentions de tous ces messieurs.

» J'ai assisté hier soir à la réception de Monseigneur ; l'affluence était tellement grande que les salons ne pouvaient la contenir ; le pallier de l'escalier était rempli de monde. Monseigneur ne pouvait circuler qu'avec une grande peine, tant la foule était compacte ; cependant il est parvenu à parler à chacun, tant il a de bon vouloir et d'aménité pour tous. La modestie la plus entière ne peut échapper à sa touchante et naturelle bonté : c'est en vain qu'on se dérobe dans l'embrasure des fenêtres, derrière les draperies, Monseigneur sait vous y trouver.

» Tout le monde est pénétré de la bienveillance et de la bonté du prince ; aussi est-ce toujours les yeux pleins de larmes que l'on s'éloigne de lui. Son affectueuse douceur gagnerait tous les cœurs, si tous pouvaient avoir le bonheur de le connaître.

» Un grand nombre de Français arrivent encore de tous les points de la France. Hier, je fus accosté par un habitant du Midi, qui était venu lui cinquantième. Partout ici on entend parler français ; les hôtels sont encore remplis de Français ; à ma connaissance, il en est arrivé aujourd'hui vingt-cinq, sans compter ceux que je ne sais pas. »

On lit dans la *Gazette du Languedoc* :

« Les journaux ministériels ont prétendu que le peuple n'avait pas été représenté à Londres auprès de Henri de France : nous avons déjà contesté l'exactitude de cette assertion. Aujourd'hui nous avons sous les yeux une lettre qui prouve que tous les rangs de la société française ont eu leurs représentans aux réceptions de l'hôtel de Belgrave-Square. Voici les passages les plus intéressans de cette lettre qui a été adressée à M. Richard, marchand tailleur, un de nos honorables concitoyens, par son fils, qui, s'étant rendu à Londres, a eu l'honneur d'être présenté à S. A. R. Monseigneur le duc de Bordeaux :

                    « Londres, 9 décembre.

» Mon cher père,

» Réjouissez-vous, soyez tous contens, car je viens d'avoir une entrevue avec notre cher prince. Je suis très heureux, car tout s'est passé au gré de mes désirs, et, par conséquent, les vôtres, je l'espère, seront accomplis.

» Je savais depuis long-temps que le prince était en Écosse, et, conformément à votre lettre, je cherchai à connaître sa résidence à Londres aussitôt qu'il y serait arrivé. L'ayant connue, je m'empressai de rendre une visite à M. le duc de Lévis. »

Ici M. Richard rend compte de cette démarche et de l'obtention d'une audience dont elle fut suivie, et puis il continue en ces termes :

« Le 8 au matin, je recevais une lettre qui m'invitait à me rendre le lendemain à la résidence royale. Le 9, je m'y suis transporté. J'ai été introduit dans la salle de réception, où j'ai pu causer avec M. le duc de Lévis. Nous étions bien quatre-vingts dans cette salle, tous gens de première noblesse, excepté moi et quelques autres. La réception a eu lieu à une heure ; mais le prince à voulu me voir en particulier ; je suis donc resté dans l'appartement de S. A. R. M. le duc de Lévis m'a fait connaître au prince, et aussitôt S. A. R. a bien voulu m'exprimer des remercîmens. J'étais saisi, et ce que je ressentais est inexprimable, je ne pouvais presque pas parler, car Henri de France était à mon côté, presque aussi près de moi que cette lettre que vous lisez maintenant l'est de vous.

» Au nom de *Richard, de Toulouse*, prononcé d'abord par M. le duc de Lévis, je me suis incliné avec respect. Monseigneur le duc de Bordeaux m'a dit en souriant que j'avais entrepris un bien long voyage. Je lui ai répondu que ce voyage était un plaisir et un bonheur pour moi, puisque je voyais le digne rejeton d'Henri IV. Il m'a comblé d'éloges, et toujours en souriant, car les paroles sortent de sa bouche avec une douceur et une bonté inexprimables. Il a ajouté : « Mon ami, portez pour moi à la bonne ville de Tou- » louse, que j'aime du plus profond de mon cœur, et » à tous ses habitans, qui sont mes vrais amis, mes » regrets de ne pouvoir leur témoigner ma reconnais- » sance. Dites-leur bien que je connais leurs bons sen- » timens pour moi, et que je ne cesserai jamais de » m'en rendre digne. » Henri de France a constamment causé avec moi pendant cette entrevue, qui a bien duré un quart d'heure, et quand il m'a demandé si mes affaires particulières allaient au gré de mes dé- sirs, j'ai compris tout le fond de son bon cœur. Quand je l'ai quitté, il m'a témoigné toute la bonté qu'un fils d'une si noble race puisse avoir. Vraiment, je suis en- chanté de lui. »

Le 17 décembre, quatre artisans, venus de Paris en députation, furent reçus par Henri de France. Ce sont MM. Pernin, peintre en bâtimens ; Lefondeur, ébéniste ; Rambat, charpentier, et Gérard, serrurier. Le prince les accueillit avec tant de bonté que ces braves gens en furent touchés jusqu'aux larmes.

M. Caubert, avocat, l'un des hommes que la pratique habituelle des bonnes œuvres met le plus en rapport avec la classe populaire, se chargea de déposer aux pieds du prince les hommages de plus de deux mille habitans de Paris, trop pauvres pour se rendre à Londres, mais toujours reconnaissans. Oh ! combien Henri était douloureusement affecté à la révélation de toutes ces misères qu'aggravent sans cesse les embarras du commerce, l'invasion des travailleurs étrangers, accourus en foule sur notre sol, l'accroissement énorme des impôts, qui vient donner un si fatal démenti aux tableaux de prospérité étalés par les ministres ! A Paris seulement, d'après les tableaux officiels, plus de quatre-vingt mille individus, sans compter les *pauvres honteux* qui souffrent sans se plaindre, sont inscrits aux bureaux de charité ! Ce désolant dénombrement, toujours en progrès depuis 1830, s'est élevé de soixante-sept mille à quatre-vingt mille, dans ces six dernières années ! C'est en pensant à tant de souffrances que Henri regrette bien amèrement de n'avoir pas à sa disposition les nombreux millions d'une riche liste civile et d'un opulent domaine, lui né dans une famille où l'on croyait perdu tout ce qu'on ne donnait pas !

Au moins, la générosité de Henri s'est partout signalée selon ses moyens, et même bien au delà de ce que sa position actuelle semble lui permettre. Que de bienfaits ont passé la mer, pour venir, au nom du descendant de saint Louis, sécher quelques pleurs sur cette terre de France interdite à ses pas ! Les misères étrangères ont reçu des marques de sa munificence ; mais c'est avec plus de bonheur encore que le *prince français*, comme on l'appelle partout, vient en aide à des compatriotes.

A Londres, existe depuis peu une *Société de Bienfaisance*, organisée entre Français pour secourir leurs concitoyens malheureux qui se trouvent en Angleterre. Marie-Amélie avait envoyé à cette société un don de 20 livres sterling (500 francs); mademoiselle Adélaïde d'Orléans, 12 livres ; la reine des Belges, fille de Louis-Philippe, 10 livres. Outre plusieurs autres secours destinés aux Français nécessiteux , le comte de Chambord seul a donné 40 livres (1,000 fr.), et il a engagé plusieurs de ses amis à souscrire pour pareille somme. Le secrétaire de la société est venu offrir à l'auguste exilé de respectueux remercîmens.

Le comte de Chambord a visité et parcouru le *tunnel*, passage creusé sous le lit de la Tamise, pour suppléer un pont que les besoins de la navigation ne permettent pas de construire en cet endroit. Ce *tunnel*, prodige de science et de hardiesse, est l'œuvre de M. Brunel, que la Normandie s'honore d'avoir vu naître. « De toutes les merveilles de Londres, » disait Henri en revenant, « voilà celle que j'ai vue avec le plus d'intérêt, car c'est le génie d'un Français qui l'a créée. »

La chapelle catholique de Londres, où le prince est venu assister aux offices, était remplie d'un tel concours de Français, qu'un grand nombre n'a pu y trouver place. Toutes les per-

*

onnes qui dépendent de l'ambassade française avaient reçu défense expresse de s'y rendre. Un auteuil était disposé pour Henri dans un endroit réservé; mais il a préféré se placer au milieu de la foule de ses amis, toujours avides de le voir.

Bien des cœurs fidèles, se rappelant le passé avec effroi, ont redouté, pour le fils du duc de Berry, dans ce voyage d'Angleterre, le poignard d'un nouveau Louvel. Henri de France s'est placé au dessus de cette crainte, se fiant à la Providence qui, jusqu'ici, l'a gardé. Il n'ignorait pas que la police doctrinaire avait fait passer le détroit à une foule de ses familiers, déguisés le mieux possible en honnêtes gens. On signala au comte de Chambord la présence à Londres d'un de ces misérables, qui déjà était venu à Rome et à Naples pour y exercer son infâme métier, lors du séjour du prince dans ces deux villes. « — Tant mieux, » dit Henri; « il verra que je n'ai » pas changé, que je veux toujours que ma maison » soit de verre. Qu'il approche, qu'il regarde, qu'il » écoute; il n'y verra, il n'y entendra que ce que je » puis dire, faire et avouer hautement et partout. »

Tous les jours, le comte de Chambord, selon son habitude, se levait de bonne heure, travaillait dans son cabinet; après déjeuner, il recevait les Français nouvellement arrivés et accordait des audiences particulières à ceux qui lui en demandaient. Pour être admis, il suffisait de se faire inscrire. Toutes les opinions pouvaient ainsi avoir accès près du prince. Le soir, ses salons étaient ouverts, et chacun pouvait recueillir des preuves de cette bienveillance attentive, de cette mémoire du cœur qui le distingue à un si haut degré.

Le 17 décembre au soir, veille de son départ pour Birmingham, reconnaissant dans la foule un jeune Français, M. Renaud de Monthiers, qui fut associé aux jeux de son enfance, il alla droit à lui, et lui serrant la main : « — Adieu, » lui dit-il, « mon bon compagnon ! »

Du plus loin qu'il vit le brave La Villatte, ce loyal type de l'officier français, pendant long-temps attaché à sa personne, comme la leçon vivante de toutes les vertus militaires, Henri lui cria : « Viens » à moi et embrassons-nous ! » Près de repartir pour la France, La Villatte, au milieu du tourbillon d'une réception nombreuse, quittait le salon sans rien dire. Henri s'en aperçoit, traverse la foule, atteint La Villatte sur la seconde marche de l'escalier, le prend dans ses bras, et lui reproche affectueusement de s'éclipser ainsi. Des larmes d'émotion coulaient sur les belles moustaches blanches du vieux soldat.

Dans une de ces réunions nombreuses où le comte de Chambord a toujours saisi avec tant d'à-propos l'occasion de révéler sa pensée et d'exprimer ses sentimens, il fit entendre ces paroles :

« Je suis vivement ému en voyant tant de Fran- » çais se presser autour de moi, et pour un temps, » hélas ! trop court, rendre une patrie au petit-fils » de leur roi exilé sur la terre étrangère. »

Un ancien et fidèle serviteur du prince ayant pris la liberté de lui demander son opinion sur ce cercle de bastilles où l'on emprisonne Paris, et dont l'inutilité contre l'ennemi du dehors a été démontrée par les hommes les plus compétens, dernièrement encore par M. Arago, Henri de France répondit :

» Il y a dans toutes ces constructions de grands
» élémens pour former des hôpitaux, des ateliers,
» et même des habitations pour les indigens. »

Puissent, selon le vœu de Henri, ces prodigieux amas de matériaux servir un jour pour de si louables usages !

Après avoir, dans une de ses audiences, recommandé l'union entre tous les honnêtes gens et blâmé les actes de nature à troubler cette union ; après avoir aussi engagé les hommes en possession de la considération publique à rester dans leur province pour rendre leur influence plus utile au pays, Henri, d'un ton ferme et énergique, ajouta :

« Dans aucune position, je ne veux être regardé,
» Messieurs, comme le roi d'une classe ou d'un
» parti, et à cette occasion, je veux repousser ce
» qu'on a osé dire, que je suis entouré de courtisans
» qui me cachent la vérité. Il n'y a pas de cour
» autour de moi, mais des serviteurs fidèles qui
» partagent mes sentimens. S'il en était autrement,
» ils n'y resteraient pas vingt-quatre heures.

» Adieu, Messieurs, j'ai été heureux de me trou-
» ver au milieu de vous ; reportez mes paroles à
» mes amis de France. »

Le 18 décembre, jour du départ de Henri pour Birmingham, tous les Français présens à Londres étaient rassemblés dès sept heures du matin, avant le jour, à Belgrave-Square. Le prince parut au milieu d'eux, et d'une voix où se révélait une émotion profonde :

« Messieurs, » dit-il, « j'ai voulu vous réunir encore
» pour vous remercier de l'empressement que vous
» avez mis à venir. Je ne vous dis pas *adieu*, mais

» *au revoir*. Soyez mes interprètes auprès de ceux
» de nos amis qui n'ont pu vous suivre. Au re-
» voir ! »

Pendant ce temps , c'était chose curieuse que
d'observer l'attitude des journaux enrôlés chez nous
au service du ministère. D'abord, ils avaient essayé de prendre un ton leste et dégagé , d'avoir
l'air de ne pas se préoccuper le moins du monde :
ils croyaient ou faisaient semblant de croire que
Henri ne recevrait en Angleterre que de rares visites : d'avance, ils plaisantaient sur son isolement,
sur sa solitude. Puis, quand ils virent la foule qui
se pressait autour du comte de Chambord, les
organes ministériels, ne pouvant plus dire qu'il
n'y avait personne à Belgrave-Square, préten-
dirent qu'il ne s'y trouvait que l'aristocratie de
naissance. Cette presse du juste-milieu, si prodi-
gue de politesse et de sollicitations à l'égard des
vieux blasons de France lorsqu'on espérait les attirer aux nouvelles Tuileries, se prit à injurier
grossièrement ces mêmes grandes familles, quand
elles accoururent auprès de Henri, qui n'avait
pourtant ni titres ni dignités à distribuer. Le sou-
rire forcé que les doctrinaires affectaient tout à
l'heure, ne put tenir long-temps et finit par se chan-
ger en une effroyable grimace de colère.

Il n'était pas possible de suspendre toute expédi-
tion de passeports pour l'Angleterre. La législation
de septembre elle-même ne fournissait aucun moyen
de transformer en conspiration le voyage de Londres, et l'on ne pouvait, du jour au lendemain, surtout en l'absence des chambres, improviser une loi
nouvelle. N'étant pas encore assez forts, malgré

l'envie qu'ils en avaient, pour se mettre, en cette occasion, au dessus de la légalité, les ministres usèrent au moins de toutes les mesures de rigueur qui dépendaient d'eux. Ces mesures ne servirent qu'à proclamer officiellement l'étendue du mouvement qui excitait tant de colère ; car il fallut frapper dans l'armée, dans les arts, dans la magistrature, dans l'administration, partout enfin, et cela, indépendamment des saisies qui se multiplièrent coup sur coup contre les journaux royalistes.

M. Flatters, statuaire distingué, expia, par la suppression de la pension dont il jouissait sur le budget des Beaux-Arts, le crime d'avoir présenté ses hommages à Henri. M. Lefranc, ancien professeur du prince, était allé revoir son élève d'autrefois. Les souvenirs que laissent, pendant toute la vie, ces rapports de professeur à élève, auraient rendu cette démarche respectable pour tous autres gens que les doctrinaires : M. Lefranc se vit privé du traitement de 500 francs qu'il touchait comme agrégé de l'Université. Des poursuites furent exercées contre des officiers qui étaient allés à Londres. Pour le même fait, M. Defontaine, juge suppléant au tribunal de Lille, cité devant la cour de cassation, fut condamné à la réprimande, et le ministère prononça la révocation des maires dont les noms suivent : MM. de Mun, maire de Lumigny (Seine-et-Marne) ; de la Marre, maire de Marchais (Aisne) ; de Courteilles, maire de Chaise-Dieu-du-Theil (Eure) ; de Rieucourt, maire de Beausourt (Somme) ; Meslin, maire d'Occochez (Somme) ; Dubois d'Ernemont, maire d'Ernemont (Seine-Inférieure) ; de Boissard, maire de Saint-Germain-des-

Prés (Maine-et-Loire) ; de Pierres, maire de Pommerieux (Mayenne) ; Moreau de Favernay, maire de Droué (Loir-et-Cher) ; Moulart, maire de Campigneulles (Pas-de-Calais) ; de Montbreton, maire de Couvron (Aisne) ; Anjorrant, maire de Flogny (Yonne) ; Emile de Kermainguy, maire de Saint-Vougay (Finistère).

A propos de la destitution de ces magistrats municipaux qui, en acceptant, pour le bien du pays, des fonctions d'ailleurs toutes gratuites, n'avaient certainement pas entendu abjurer leur indépendance, un journal de la gauche eut la franchise d'ajouter que bien d'autres maires auraient fait le voyage d'Angleterre, s'ils en avaient eu les moyens.

Quant aux députés qui, nommés en vertu de la souveraineté électorale, sous l'empire du principe de 1830, n'avaient pas pensé non plus que cette position dût enchaîner leur liberté, ce fut contre eux un flot d'invectives, de la part de gens qui avaient prêté des sermens par douzaines, et dans des conditions toutes différentes. M. Pasquier lui-même se transforma en défenseur de la foi jurée !

Dans leur fureur, les organes ministériels allèrent jusqu'à évoquer, contre les amis de la branche aînée, les hideux souvenirs révolutionnaires, jusqu'à les menacer du réveil du *lion populaire*, ce qui, dans leur pensée, équivalait à des menaces de massacre et de pillage. Voilà comment les doctrinaires entendent, au besoin, ces grands principes *d'ordre* et de *conservation* dont ils se prétendent les défenseurs. Un peu plus, et les journaux de M. Guizot entonnaient la *Marseillaise* ; sur quoi le parti démocratique répondit impoliment aux doctrinaires

que, si le *lion populaire* se réveillait, ce ne serait
pas, cette fois, à leur profit.

Mais bientôt il ne fut plus possible de prétendre
que les *nobles* seuls se rendaient en Angleterre.
D'un ton de raillerie, fort singulier de sa part, *le
National* avait dit qu'aux noms aristocratiques se
mêlaient, dans les demandes de passeports pour
Londres, les noms les *plus communs* ; que les *épi-
ciers* eux-mêmes voulaient avoir *leur Coblentz*.
Aux yeux d'Henri, moins dédaigneux que certains
libéraux, il n'y a pas de noms *communs :* il n'y a
que des noms plus ou moins honorables, selon qu'ils
accompagnent de plus ou moins honorables sentimens. Et non seulement des membres de la bour-
geoisie, des commerçans, des chefs de fabrique,
figuraient parmi les visiteurs de Belgrave-Square,
mais encore de simples ouvriers avaient été les bien-
venus dans ces salons, où rien ne sentait le privilége.

Alors la presse ministérielle perdit complètement
la tête : naguère elle avait exhumé le bonnet rouge
pour menacer l'aristocratie : maintenant la voilà qui
se fait *talon rouge* pour écraser des fils du peuple
sous ses superbes mépris. Les antichambres officielles confondirent dans leurs insultes les hommes
titrés et les modestes artisans. Il y eut même, contre ces derniers, surcroît de fureur : car leur démarche étonnait et inquiétait plus encore certains
comédiens de libéralisme. Les scribes des fonds se-
crets ramassèrent dans la boue les plus ignobles in-
jures pour les jeter à des hommes que l'on eût com-
blés de caresses, que l'on eût représentés comme de
véritables et dignes représentans de la classe labo-
rieuse, s'ils avaient porté leurs hommages ailleurs

qu'à Londres. La livrée de M. Guizot se répandit en agréables plaisanteries sur leur profession, un peu plus honorable cependant que celle d'adorateur de tous les pouvoirs qui paient. Les courtisans du budget, ne comprenant pas un autre dévoûment que le dévoûment aux écus, traitèrent d'*ouvriers paresseux et inoccupés*, *d'aventuriers prêts à jouer toutes sortes de rôles*, voire même de *Robert Macaire du plus bas étage*, ces hommes aux convictions désintéressées, coupables d'avoir reconnu les vrais amis du peuple dans ceux qui, sans se faire ses flatteurs, se sont constamment occupés de son bien-être.

Il faut espérer, du moins, après cette épreuve, que les jongleurs de la comédie de quinze ans en ont fini avec leur masque de popularité.

Au reste, si l'on veut avoir une idée des moyens infâmes que les ennemis des Bourbons ont employés pour tromper le peuple, il suffira de citer les faits suivans :

Aux environs de Rennes, entre autres, des agens du parti révolutionnaire allaient, à dessein, fouler les herbages et les récoltes. Si les paysans se plaignaient, ces individus, se donnant pour gentilshommes, leur répondaient par des paroles de dédain et de mépris, disaient que les nobles avaient la liberté de tout faire, que les droits féodaux ne tarderaient pas à revenir, etc. : ou bien encore, ces mêmes misérables endossaient le costume ecclésiastique, et se montraient, ainsi déguisés, dans les campagnes, avec des femmes de mauvaise vie, pour fournir prétexte à de flétrissantes accusations contre le clergé.

Je tiens ces détails d'une personne du pays, parfaitement digne de foi.

Ces inventions infernales feront apprécier le degré de confiance que méritent les nouvelles fables auxquelles peuvent recourir aujourd'hui certains orateurs ou certains journaux, en haine des hommes et des principes de la restauration.

Parti de Londres le 18 décembre, Henri de France alla visiter les fabriques et les manufactures de Birmingham, se préoccupant toujours, par-dessus toutes choses, des moyens capables de rendre moins dangereux ou moins insalubres, pour l'ouvrier, des travaux féconds d'ailleurs en admirables résultats. Dans cette excursion, le prince était accompagné de M. le général Brèche, qui a rendu, comme inspecteur général de l'artillerie de marine, les plus grands services à cette arme ; — de MM. Barande et Albert de Saint-Léger, intéressé dans une grande usine du Nivernais, homme éminemment distingué dans la théorie comme dans la pratique de cette importante industrie. Les établissemens scientifiques et littéraires d'Oxford eurent également la visite de Henri de France, ainsi que le beau collége catholique d'Oscott. Donnons, à ce sujet, un échantillon des impudens mensonges dont nous parlions tout à l'heure.

Comme on avait fait de Charles X un *jésuite*, les journaux ministériels ont essayé de faire également un *jésuite* de son petit-fils, oubliant sans doute que, depuis 1830, quelques-uns des acteurs de la comédie de quinze ans, dans leurs accès de franchise, ont proclamé tout haut ce que valait cette accusation. En conséquence, la presse de M. Guizot, à propos de la visite de Henri de France à Oscott, a eu soin de transformer cette maison en un collége de *jésuites*. Il a raconté toute une histoire d'une représentation de quelques scènes d'*Athalie* donnée à cette occasion, et dans laquelle figuraient des allusions en l'honneur du *parti-prêtre*, les jésuites agitant avec enthousiasme *leurs bonnets*, etc. Eh bien ! tout, dans ce récit, était de pure invention, tout, jusqu'aux noms propres dont on l'avait orné. Il n'y avait pas de *bonnets de jésuites* à Oscott, par l'excellente raison qu'il ne s'y trouve aucun jésuite. Henri de France est profondément attaché à la religion de ses pères; mais sa piété est douce, pratique, tolérante, et il accueille avec une égale bienveillance les hommes honorables de toutes les communions. Celui qui écrit ces lignes est protestant, et son témoignage, apparemment, ne sera pas suspect.

Dans cette même excursion, l'auguste voyageur vint demander des souvenirs et des enseignemens à cette retraite modeste d'Hartwell, qui fut, durant plusieurs années, la résidence de son grand-oncle Louis XVIII. C'est de là que ce prince, destiné, selon ses ennemis, à un exil éternel, partit un jour pour se jeter entre la France et l'invasion étrangère, et remonter sur le trône de ses aïeux.

De retour à Londres le 23 décembre, le comte de Chambord passa, dans cette capitale, les fêtes de Noël. Un grand nombre de Français, arrivés pendant son absence, attendaient impatiemment son arrivée. Parmi eux se trouvaient encore des chefs de fabrique, de simples ouvriers. M. Delobel, chef d'une filature de laine à Tourcoing (Flandre), fut au nombre des personnes invitées à sa table.

Un honorable et modeste ouvrier de Vervick, près Lille, M. Vandermersch, reçut aussi un accueil d'autant plus distingué, que les sacrifices exigés par ce voyage avaient, chez les personnes de cette classe, un mérite tout particulier. M. Vandermersch a raconté les détails de sa réception dans la lettre suivante, adressée au rédacteur de la *Gazette de Flandres et d'Artois* :

« Monsieur,

» Les fêtes de Noël 1843 seront toujours regardées par moi comme la plus belle époque de ma vie ; ce que j'ai vu et entendu pendant ces jours-là ne s'effacera jamais de mon souvenir : j'ai vu un rejeton de saint Louis, le petit neveu du roi-martyr, le fils de la victime du 13 février, ce beau jeune homme qu'on appelle Henri de France, je l'ai entendu m'adresser les plus douces expressions de sa bonté, et dire son intérêt et son amour pour la France, son injuste patrie.

» J'étais parti le 22 décembre par le paquebot d'Ostende ; à peine arrivé à Londres, je me fis conduire à l'hôtel habité par le prince ; il était absent depuis plusieurs jours ; mais à peine m'avait-on fait cette réponse, que quelqu'un s'écria : « Le voici ! » et bientôt une voiture s'étant arrêtée j'en vis descendre un noble jeune homme ayant les cheveux, la barbe et les moustaches blondes : c'était le royal exilé. Je voulus entrer à sa suite, mais on m'en empêcha, et comme j'insistais, un des messieurs qui étaient avec lui, revint sur ses pas pour m'expliquer avec une extrême douceur qu'il était impossible que le prince me reçût à l'instant, mais que le lendemain matin, à onze heures, je lui serais présenté. « Mon cher Monsieur, lui répondis-je, ma » position ne me permet pas de faire un long séjour à » Londres, et si je ne profite pas demain du paquebot

» d'Anvers, il me faudrait attendre plusieurs jours un
» autre départ..... » En même temps je lui remis une
lettre qu'on avait bien voulu me donner pour M. Barande ; sur cela, il me dit d'attendre un moment ; et,
en effet, il revint bientôt m'annoncer que le prince me
recevrait à huit heures. Mon émotion fut extrême à
cette nouvelle ; je l'avouerai, je fus au point de m'éva-
nouir ; je fus entouré de soins et de bontés.

» Les deux heures qu'il me fallut passer dans l'attente de l'heureuse entrevue qui m'était promise furent pleines de préoccupation. Je rentrai avant huit
heures à l'hôtel du prince ; j'y trouvai un grand nombre de Français arrivés dans la journée, et qui tous
étaient renvoyés au lendemain, onze heures, ce qui me
montra plus évidemment encore la faveur particulière
qui m'était accordée ; je fus introduit immédiatement.

» Dans le salon d'attente était M. de Villaret-Joyeuse,
avec qui je m'entretins quelques momens ; ensuite la
porte s'ouvrit et je fus en présence d'un prince beau,
affable, dont le regard fit sur moi tant d'impression
que je ne pus que m'écrier : « Oh ! mon prince ! » et
tomber à ses genoux. Il me releva aussitôt, me prit les
mains, et moi je pressai ses augustes mains sur mes
lèvres. Son Altesse Royale me questionna sur le commerce du pays, me demanda si les ouvriers avaient de
l'ouvrage suffisamment pour vivre ; si la religion était
suivie, etc. Il m'écoutait avec tant d'attention et de
bonté, j'étais si rassuré que j'osai lui parler même des
détails de mon village et du dévoûment d'un jeune
homme qui s'y livre à l'éducation des pauvres. Il lui
donna beaucoup d'éloges ; il avait su que ma mère était
Vendéenne, et m'en parla, et j'ajoutai que dans un
voyage que j'avais fait à Nantes, j'étais allé visiter la
funeste cachette où son auguste mère fut arrêtée. Le
prince me prit alors la main en me disant : « Au re-
» voir. » J'eus l'honneur de lui baiser la main, et il me
remit une médaille portant son effigie ; il daigna même

*

ajouter des marques de sa munificence, et je me retirai.

» J'étais heureux ; le paquebot d'Anvers partit sans moi et je profitai, pour revoir le prince, des deux soirées du 25 et du 26.

» Le dimanche 24, il n'avait point eu de réception, a assisté à la messe de minuit.

» Le 25, j'étais, avec une foule de Français, à la messe qu'il a entendue, à la chapelle, de la manière la plus édifiante.

» A la soirée du 25, où se trouvaient environ cent cinquante Français et une douzaine de dames françaises, le prince m'aperçut et vint à moi. « Vous êtes surpris peut-être, mon prince, «lui dis-je, » de ce que je ne suis pas parti comme j'avais eu l'intention de le faire ; c'est votre bonté qui m'a fourni le moyen de pouvoir prolonger mon séjour et le bonheur de vous revoir. — C'est fort bien, mon ami, » répliqua-t-il et plusieurs fois dans la soirée il me témoigna sa satisfaction que je fusse resté.

» Enfin, le mardi 26, je pris congé de Monseigneur en lui offrant mes souhaits et le priant de m'honorer de son royal et gracieux souvenir ; il daigna me le promettre en ajoutant : «Je vous charge, mon ami, d'être mon interprète auprès de mes amis de votre pays. » Et il s'éloigna. Peu après, M. de Villaret-Joyeuse me rejoignit pour me remettre, de la part du prince, un mouchoir portant sa marque, en me disant que jamais il n'oublierait mes traits.

» Voilà, Monsieur, le récit exact et très véridique de mon voyage et de mon séjour à Londres ; je sais bien qu'on voudrait tourner en ridicule la détermination que j'ai prise et les émotions que j'ai éprouvées et même l'accueil que j'ai eu le bonheur de recevoir ; je sais qu'un beau monsieur de Wervick (Belgique), attaché au gouvernement belge, a tenu sur cela de sots propos ; mais je lui en laisse la honte. Mon cœur et les félicitations de mes amis ne me laissent plus rien à désirer.

» Agréez, etc.

» VANDERMERSCH. »

Après trois jours employés à recevoir les Français qui arrivaient en foule pour chaque présentation, Henri de France repartit le 27 décembre au matin pour visiter Bath, Bristol et les deux principaux ports militaires de la Grande-Bretagne, Plymouth et Portsmouth. Les Français présens à Londres étaient réunis à Belgrave-Square, dès avant le jour, pour recevoir les adieux du prince, qui leur adressa une courte allocution pleine de noblesse, d'énergie et des sentimens patriotiques les plus élevés.

Cette nouvelle excursion offrit un vif intérêt à l'esprit observateur du comte de Chambord. A Plymouth, où il arriva le 30 décembre dans l'après-midi, la pluie, les rafales de vent, l'agitation de la mer, ne l'empêchèrent pas de s'embarquer sur le *Breakwater*, bâtiment léger que l'amiral Milne, commandant en chef de la marine, s'était empressé de mettre à sa disposition pour visiter la rade dans tous ses détails. Le prince et les personnes de sa suite se tinrent constamment, malgré le mauvais temps, sur le pont du *Breakwater*. Certains ouvrages excitèrent plus spécialement l'attention du royal visiteur, en ce qu'ils se rapprochent, par leur genre et leur destination, des grands travaux qui se poursuivent, depuis plus d'un demi-siècle, dans la rade de Cherbourg.

Le 2 janvier, Henri de France quitta Plymouth, se dirigeant vers Portsmouth. Dans ce trajet, il reconnut la rade de Torbay, où aborda Guillaume-le-Conquérant pour s'emparer de l'Angleterre ; il visita Lullworth, qui fut, en 1830, la première station de son exil. La noble et patriarchale famille Weld, qui fit alors aux Bourbons exilés les honneurs de cette résidence, eut le bonheur de recevoir, cette fois aussi, le comte de Chambord. L'auguste voyageur parcourut avec émotion cette belle habitation et ses environs, cherchant et retrouvant partout les souvenirs de son enfance. Il dîna et coucha, le 3 janvier, à Upton-House, chez M. et madame Daughty, qui, les premiers à cette époque, présentèrent leurs hommages à la famille royale, quand elle débarqua dans le port de Poole, et lui offrirent l'équipage qui la transporta à Lullworth. Le lendemain, 4, le comte de Chambord voulut revoir le lieu du débarquement, et il parcourut les rues de Poole au milieu de l'empressement cordial de la population, qui le salua de ses acclamations réitérées.

A Portsmouth comme à Plymouth, le comte de Chambord trouva tout à la fois les plus intéressans sujets d'études navales et le plus honorable accueil. Plusieurs Français, arrivés à Londres pendant son absence, vinrent le chercher à Portsmouth et eurent l'honneur de dîner à sa table, entr'autres M. Battur, avocat à la cour royale de Paris.

Tous les jours de nouveaux visiteurs arrivaient à Londres. Leur nombre eût été bien plus grand encore sans l'incertitude qui régnait en France sur les projets du prince et sans la crainte de ne plus le trouver en Angleterre. A diverses reprises on annonça positivement à Paris, d'où cette nouvelle se répandit aussitôt dans les provinces, que le gouvernement britannique avait invité plus ou moins positivement le comte de Chambord à s'éloigner. Les journaux ministériels s'empressèrent de propager ce bruit, qui était entièrement faux. Le ministère Guizot avait bien adressé, à cet effet, au cabinet de Saint-James, des prières appuyées sans doute de la promesse de reconnaître largement un pareil acte de complaisance. Mais la législation de l'Angleterre n'admettait pas une telle brutalité, qui eût révolté, dans ce pays, tous les honnêtes gens; et les mœurs anglaises ne permettent pas au gouvernement de se mettre au dessus des lois aussi facilement que le font les ministres doctrinaires. M. Guizot en fut donc pour la honte de ses sollicitations, et il lui fallut se contenter de la sympathie très peu gratuite des journaux de Londres en communication directe avec sa police.

Toujours est-il que les faux bruits répandus sur le départ du prince, avaient failli me retenir, ainsi que M. le docteur Delaunay, mon compagnon de voyage. A plus forte raison dut-il en être de même de beaucoup de personnes habitant les provinces, où la rectification des fausses nouvelles est moins prompte et moins facile que dans la capitale. Mieux renseignés, le mardi 2 janvier nous quittâmes Paris, et le 4, dans l'après-midi, nous débarquions au pont de Londres. Notre premier soin est de nous informer du jour où reviendra le prince. « Le mercredi, 10, » nous dit-on. Six jours! c'était bien long! Ainsi pensaient comme nous les autres Français qui partageaient notre attente. Que faire? Tâcher de *tuer le temps* en visitant les curiosités de Londres ; mais, si intéressantes qu'elles puissent être, elles n'ont pour nous qu'un attrait bien secondaire. Quelle fut donc notre joie à tous quand nous fûmes prévenus que le comte de Chambord arriverait de Portsmouth le samedi matin ! Il n'avait que quelques heures à passer à Londres, devant se rendre le jour même, par le chemin de fer, à Brighton, où de nobles invitations l'appelaient. Mais sachant que des Français attendaient le bonheur de le voir, il n'avait pas voulu différer plus long-temps leur réception.

Le samedi 6, à midi, nous étions à Belgrave-Square. Le temps nous favorisait : il fut admirablement beau pour la saison et pour le pays, pendant cette journée et les suivantes, jusqu'à notre départ d'Angleterre. C'était pour nous double fête : — fête au ciel et sur la terre.

Belgrave-Square est situé dans le quartier ouest de Londres, le quartier de la Cour et du grand monde. C'est une belle place carrée, dont le milieu est occupé par un jardin entouré d'une grille. L'hôtel que le prince avait loué pour le temps de son séjour, porte le numéro 35. Il est élevé seulement de deux étages, avec les cuisines sous le rez-de-chaussée et une grille devant, sans porte cochère, comme sont à Londres même les demeures des lords. Il faut que les dames, fussent-elles en toilette de bal, traversent le trottoir à pied, pour quitter ou gagner leur équipage. On entre tout d'abord dans le vestibule sans passer par une cour. Les écuries et les remises sont sur les derrières de l'hôtel. Mais cette apparence modeste, qui étonne nos habitudes françaises, n'ôte rien au grandiose et à la commodité de l'intérieur.

Plusieurs palais avaient été offerts au prince ; mais il avait préféré être là *chez lui*, et tout ce qui tenait à sa maison, à sa manière de vivre, y était réglé sur un pied de simplicité noble, convenable à la position de fortune que la révolution a faite à la famille de nos rois.

Comme le cœur nous battait en montant les quelques marches du perron ! Nous nous trouvâmes réunis dans le salon au nombre de trente à quarante. Après quelques minutes d'attente, une porte s'ouvrit et Henri parut.

Je l'avais vu à Goritz, il y a près de quatre ans. Quel heureux développement s'était opéré dans ce jeune prince, dès lors doté si richement par la nature et par l'éducation ! Tâchons de le peindre aussi fidèlement que possible, tel que je crois toujours le voir devant mes yeux.

Henri de France est d'une taille moyenne, d'une constitution vigoureuse comme son père ; mais son col est plus dégagé, sa tête beaucoup mieux posée. Il se peut que, sur le retour de l'âge, il ait quelque embonpoint, comme plusieurs princes dont l'active énergie n'en est pas moins attestée par l'histoire : quant à présent, c'est la carrure, la charpente même, qui est forte en lui. La manière dont il a supporté, dans tout le cours de ce voyage, une vie excessivement fatigante, prouve que cette apparence de vigueur n'est pas trompeuse.

Ses cheveux, arrondis autour de sa tête, sont de la plus heureuse nuance blonde, ainsi que ses favoris en collier et les petites moustaches qui ombragent ses lèvres. Sa physionomie offre le plus beau type de la race des Bourbons. Dans cette noble figure dont le charme est irrésistible, sur ce

large front, pur miroir de l'âme, on peut dire qu'il y
a en même temps du Louis XIV, du Louis XVI et du
Henri IV; — la dignité du premier, la bonté du
second, la franchise et l'entrain du troisième. Si le
regard de Henri se fixe sur vous, il semble vous
pénétrer jusqu'au fond de l'âme, ce qui ne l'empêche pas de traduire admirablement la grâce, la
bienveillance et même la gaîté. Sur son costume
tout simple, le fils de tant de rois ne porte aucune
décoration, aucune marque distinctive. Sa haute position se revèle assez d'elle-même. On a remarqué
que c'est surtout devant les étrangers que Henri se
souvient de son rang, et qu'il mêle une nuance pro-
noncée de dignité princière à cette courtoisie, à
cette bienveillance innée en lui.

Pour ce qui est des suites de son accident, voici,
à cet égard, la vérité la plus exacte : les deux jam-
bes sont absolument de la même dimension et en
tout semblables l'une à l'autre; seulement, de la longue immobilité à laquelle l'auguste blessé fut assu-
jetti, il est resté dans l'articulation du genou gauche
une certaine raideur, qu'aucune douleur n'ac-
compagne. C'est un résultat naturel et inévitable
d'un traitement couronné, d'ailleurs, d'un si mer-
veilleux succès. Souvent, après un peu d'exercice,
cette raideur même se laisse à peine apercevoir, et
finira sans doute par disparaître tout-à-fait. Dès à
présent, elle n'empêche pas le prince de faire à pied
des courses très fatigantes, de nager, de monter à
cheval tout-à-fait comme auparavant; en un mot,
les choses demeurassent-elles, ce qui n'est pas pré-
sumable, au point où elles sont aujourd'hui, on
peut être sûr que les amis de Henri n'auraient pas

à s'en affliger ni ses ennemis à s'en réjouir. Il ne reste, d'un si terrible accident, que tout juste assez de traces pour nous rappeler de quel mortel danger la Providence sauva le fils de la victime du 13 février.

Le prince fit le tour du salon où nous étions tous rangés. M. le duc de Lévis lui nommait successivement les personnes présentes, et Henri adressait à chacun un mot gracieux, non pas de ces paroles banales qui sont une insignifiante monnaie sans titre ni valeur; mais un mot qui prouvait combien tous les services, tous les dévoûmens, toutes les circonstances locales, sont fidèlement classés dans sa mémoire.

Nous sortîmes tous de cette présentation heureux et charmés.

Le surlendemain, 8, le prince revint de Brighton. Nous avions été prévenus que, le soir, il y aurait réception pour tous les Français présentés.

J'avais reçu l'honorable mission de remettre à Henri de France une adresse rédigée et écrite par de braves artisans et ouvriers de Rouen, ma ville natale, hommes aux croyances profondes et raisonnées, dont le simple bon sens voit bien plus juste et plus droit que maint parleur à grandes prétentions. N'ayant pas les moyens de faire le voyage de Londres, ils y étaient, du moins, présens par la pensée, ils avaient traduits leurs sentimens en ces termes :

« Rouen, 25 décembre 1843.

» Monseigneur,

» Permettez à quelques artisans et ouvriers de la

ville de Rouen, qui n'ont pu jusqu'à ce jour élever leur faible voix jusqu'à vous, pour vous présenter leurs hommages, de profiter du départ pour Londres de M. Théodore Muret, qui a bien voulu s'en charger.

» Jusqu'à ce jour, Monseigneur, ils avaient gémi en silence, en voyant des personnes connues d'eux avoir le bonheur de vous approcher.

» Aujourd'hui, leur joie est grande puisque, s'il ne leur est pas permis de vous approcher, du moins il leur sera permis, ils osent l'espérer, d'être comptés dans votre mémoire parmi ceux à qui le sort de la fortune permet de vous approcher.

» Veuillez, Monseigneur, recevoir l'assurance de leur profond attachement à votre auguste personne. »

Suivaient des signatures de tisserands, fileurs, serruriers, couvreurs, etc., au nombre de soixante. Si cette adresse n'eût pas été proposée, rédigée, expédiée à l'improviste ; si ces honorables travailleurs, attachés à leur labeur de chaque jour, avaient eu plus de loisir pour recueillir des noms, c'est par centaines que ces noms auraient été comptés.

Cet hommage touchant et vrai, présenté au prince en audience particulière, fut accueilli avec un vif intérêt et une bonté parfaite, ainsi que les détails verbaux dont je l'accompagnai.

Je fus assez heureux pour rapporter aux signataires un témoignage de satisfaction et de bon souvenir qu'ils regardent comme la plus précieuse des récompenses, comme une véritable *croix d'honneur*.

Grâce aux occasions que le prince a bien voulu multiplier en notre faveur, j'ai eu le bonheur de le voir, de l'observer le mieux possible. Il était là, dans ses salons, au milieu de nous, parlant à chacun, et pour chacun ayant un mot qui montrait à quel point extraordinaire il possède la mémoire du cœur et de l'esprit, cette grande qualité des princes ; — demandant à celui-ci des nouvelles de son père, de son frère, d'un ami qui n'avait pu venir ; — parlant à ceux-là des besoins de leur ville, de leur province natale ; — prouvant qu'il connaît la France comme ne la connaissent pas beaucoup de personnes qui ne l'ont jamais quittée. Toujours environné de compatriotes, rien absolument, rien d'étranger ne se fait sentir en lui. Lorsque nous voyons chez nous tant de gens s'étudier à prendre les habitudes, les expressions, les modes de nos voisins, Henri, au contraire, lui, exilé depuis si long-temps, est Français en toutes choses, dans son caractère, dans ses manières, dans son esprit, aussi bien que dans sa devise : TOUT POUR LA FRANCE ET PAR LA FRANCE.

Le mardi soir, 9 janvier, il y avait chez le prince plusieurs dames qui restaient un peu isolées, ce qui, en toute autre occasion, ne fût pas arrivé ; mais là, chacun était exclusivement préoccupé (ces dames elles-mêmes le concevront) par le bonheur de voir le prince. Avec une familiarité aimable et enjouée, qui toutefois ne ferait jamais oublier le respect, Henri adressa un appel aux jeunes gens, qui étaient en majorité ; il invoqua la galanterie obligée des *chevaliers français*. Son invitation ne fut pas et ne pouvait pas être vaine. C'est avec cette grâce prévenante qu'Henri sait faire les honneurs de chez lui. Mais c'est aussi pour des choses plus sérieuses, plus importantes, qu'il possède un degré rare d'aplomb, de jugement, de maturité. Ce jeune homme de vingt-trois ans est déjà un homme fait, un prince qui sait son métier de prince. La plus puissante preuve de ceci, c'est que, pendant tout ce voyage, dans un pays dont le gouvernement, par sa politique, lui créait une position très délicate et très difficile, Henri n'a pas donné prise, par une seule faute, à la critique et à la satisfaction de ses adversaires, dont les yeux l'épiaient si attentivement.

Il est positif que Henri, pendant son séjour en Angleterre, a reçu la visite de plusieurs Français, jusqu'ici étrangers aux opinions royalistes, mais qui cherchaient de bonne foi la vérité. Ils sont revenus aussi charmés du prince que ses plus anciens amis. Henri estime, en effet, tous les caractères honorables, consciencieux, capables de servir utilement leur pays. Il ne repousse que la corruption, l'hypocrisie, la vénalité, le parjure. Les passions basses et sordides, les menteuses comédies, les phrases bavardes et creuses, destinées à servir de masque pour déguiser la pensée, voilà ce qui est profondément antipathique à ce noble cœur.

On raconte qu'à son départ pour Londres, M. de Vitrolle demanda, en plaisantant, à M. de Lamennais : « Que faut-il dire de votre part au prince? — Que je me mets à ses pieds, » répondit M. de Lamennais sur le même ton. Ce compliment fut néanmoins rapporté, par M. de Vitrolle au noble exilé. « Faites savoir à M. de Lamennais, » dit le prince, « que nous avons compris tout ce que nous perdions quand il s'est détaché de nous. »

Henri apprécie aussi bien que personne le besoin de liberté véritable qu'éprouve notre pays : il regarde, lui-même l'a répété, *les droits du peuple aussi sacrés que les droits du trône*; et ses actions sont, en tout point, d'accord avec ses paroles.

Enfin, que pourrait-on ajouter à ce jugement de M. de Châteaubriand, de ce grand écrivain devant qui toutes les opinions s'inclinent : « Ce jeune prin-» ce me confond et me charme : il devine ce que » je vais lui dire, il a les idés que je veux lui sug-» gérer, il est animé des sentimens que j'aurais pu » lui inculquer. Je vais d'étonnement en étonne-» ment, en découvrant qu'il sait ce que j'étais venu » lui apprendre, et qu'il veut tout ce qu'il doit vou-» loir. »

Dira-t-on que l'honneur de la conduite si sage, si parfaite, que Henri a tenue dans ce voyage mémorable, doit être attribué à ses conseillers ? Mais n'est-ce pas pour un prince le premier, le plus significatif de tous les talens, que de bien choisir les hommes, et ne serait-ce pas là faire encore son éloge ? L'entourage de Henri est tel qu'il doit être pour inspirer toute confiance. La foule des visiteurs n'a trouvé, chez les personnes de sa suite, que gracieuses et obligeantes attentions. Là, comme lui-même l'a dit, point de *cour*, point de *courtisans !* Des hommes tels que le général La Rochejaquelein, le glorieux balafré de la Moskowa ; — le général Brèche, ce vieux soldat plein de franchise ; — MM. des Cars et de Lévis, qui ne sont *ducs* qu'avec les *ducs* ; — M. de Villaret-Joyeuse, le loyal marin ; et, pour couronner tous ces noms, M. de Châteaubriand : voilà au milieu de quels amis Henri de France s'est montré. On ne peut lui en désirer de meilleurs.

En pareille compagnie, l'on peut s'honorer des qua-
lifications d'*intrigans* et de *troupe d'aventuriers*,
si heureusement appliquées à la foule de Belgrave-
Square par des journaux pour qui l'élite de la société française est probablement dans l'anticham-
bre de M. Guizot et dans la cuisine de M. Monta-
livet.

Suivant l'avis donné à tous les Français, nous
étions à Belgrave-Square au nombre d'une cinquan-
taine, le mercredi 10, avant sept heures du matin,
afin de voir encore une fois le prince, qui allait
partir pour continuer ses excursions. Sa calèche
l'attendait déjà devant l'hôtel : il vint en costume
de voyage. Chacun reçut de lui une gracieuse pa-
role ; puis, dans quelques mots d'une concision
expressive, prononcés d'une voix pleine, sonore,
vibrante, et avidement recueillis par toutes les mé-
moires, il nous fit un adieu général. Les plus rap-
prochés, emportés par un mouvement irrésistible,
s'empressèrent vers lui et baisèrent ses mains. Il
sortit, accompagné de nous tous ; il monta en voiture, nous salua par la portière, tandis que nous
agitions nos chapeaux ; puis la voiture disparut au
milieu de l'épais brouillard que le petit jour com-
mençait à peine à percer ; et nous regardions encore
quand déjà l'on ne voyait plus rien.

Presque tous, nous quittâmes Londres dans cette
même journée ; nous avions tant et de si bonnes
choses à raconter en France !

Le voyage de Henri pouvait être considéré comme
terminé. Néanmoins, son départ fut avancé de quelques jours par des nouvelles inquiétantes de la
santé de monseigneur Louis-Antoine de France, son

oncle, dont l'affection, jointe à celle de la sainte fille du roi-martyr, lui est si justement précieuse. Le prince s'embarqua le samedi 13 janvier, à Londres, pour Ostende, d'où il se dirigea en toute diligence vers l'Allemagne. Il aura reçu en route des lettres plus rassurantes. Mais son impatience doit être grande de revoir ses augustes parens de Goritz, son aimable et charmante sœur, sa courageuse mère, cette princesse de tant d'intelligence et de tant de cœur, qui, pour ce fils chéri, affronta de si cruelles épreuves ; toute cette royale famille pour laquelle le succès de ce voyage de Londres a été la plus douce des consolations.

Heureux sans doute les deux mille Français de toute condition, de tout rang, qui, dans cette occasion, ont pu se presser autour de Henri ! Mais ce nombre ne représente qu'une simple députation, en comparaison de tous ceux que des obstacles de plus d'un genre, la santé, le *devoir* même, pour plusieurs ; puis surtout la pauvreté, — qui, pour beaucoup, est le fruit de leur attachement à leurs convictions, — ont empêchés de prendre le même chemin. Henri le sait bien, et ce n'est pas dans son cœur que de tels absens ont tort.

Ce voyage d'Angleterre n'était destiné qu'à produire un effet moral, à rectifier bien des jugemens faux et injustes. Cet effet a été immense : il a dépassé tout ce qu'on pouvait attendre. Spectacle étrange ! Le régent présomptif, M. le duc de Nemours, est en Angleterre le héros des fêtes officielles, et pourtant ce voyage, dans lequel de maladroits ministres l'ont compromis, ne produit pas la sensation la plus légère. C'est sur le prince exilé que se porte l'attention universelle. On ne tire ici aucune induction de ce fait : on se borne à le constater avec tout le monde. Les emportemens du ministère et de ses journaux sont d'ailleurs, à cet égard, le plus significatif des commentaires.

---

## A M. GUIZOT.

On reproduit ici, d'après le *Journal des Débats*, la lettre adressée par M. le duc de Fitz-James à M. Guizot, au sujet de certaines paroles que ce ministre s'était permises devant la chambre des pairs.

« Château du Tertre (Sarthe), 11 janvier 1844.

» Monsieur,

» Vous m'avez indiqué, vous m'avez attaqué à une tribune que je ne peux pas aborder pour me défendre. Il ne me reste pour vous répondre que la voie de la presse ; et encore, voulant donner à cette lettre toute la publicité possible, dois-je, par égard pour les journaux royalistes sous le coup de vos saisies, m'arrêter devant les lois de septembre et ne pas vous parler ici avec toute la netteté et la franchise qui conviennent à mon caractère. Je pourrais, Monsieur, vous accabler sous le poids de votre passé ! Mais à quoi bon ? N'avez-vous pas déjà écrites sur le front, en caractères ineffaçables, ces paroles de notre grand orateur : *Cynisme des apostasies?*

» Dans votre réponse à MM. de Richelieu et de Vérac, vous avez, selon votre habitude, entassé sophismes sur sophismes.

» Vous avez parlé de scandale, à propos de certaines paroles prononcées par moi ; vous avez osé dire qu'il y avait eu, de la part des royalistes, *oubli des devoirs du citoyen !*

» Ma réponse est bien facile. Si j'ai violé les lois de mon pays, pourquoi ne m'avez-vous pas fait traduire devant un tribunal ?

» Il en est temps encore, Monsieur ; osez, je suis prêt. Faites-moi comparaître devant douze jurés français : là je m'expliquerai. Là, en présence peut-être d'une condamnation, ma voix ne faiblira pas, et je répéterai à la face de mon pays les paroles que j'ai prononcées à Belgrave-Square !

» Vos menaces imprudentes ne sauraient m'effrayer. J'ai fait ce que l'honneur me disait de faire. Vous ne me ferez pas reculer, Monsieur ; vous ne me ferez pas saluer ce que je ne veux pas saluer ; vous ne me ferez pas respecter ce que je ne dois pas respecter.

» Si vous connaissiez l'histoire de ma famille, vous sauriez qu'il n'y a que le bourreau qui puisse nous faire courber la tête.

» J'attends, Monsieur, et j'ai l'honneur de vous saluer.

» Duc de FITZ-JAMES. »

---

## LA LEÇON DE MORALE OU DEUX AUGURES (1).

AIR : *Tout le long, le long de la rivière.*

L'autre jour, Saint-Marc-Girardin
Disait à l'aîné des Dupin :
Ça, la question est traîtresse ;
Compère, pas de maladresse :

---

(1) Nous empruntons au *Corsaire* cette chanson, qui résume avec beaucoup de piquant et de vérité les déclamations des casuistes du juste-milieu, en matière de serment législatif et le blâme qu'ils ont prétendu in-

Je vais m'étendre hardiment
Sur la sainteté du serment.
Du sérieux, quoi que je puisse dire.
— De grâce, Dupin, ne me faites pas rire,
Dupin, ne me faites pas rire.


Messieurs, comme homme des *Débats*,
Je me connais en renégats.
En général, je le proclame,
La chambre est au dessus du blâme;
Elle sait que tout changement
Exige un noûveau dévoûment.
— Bien! dit Dupin, ce début doit séduire...
— De grâce, mon cher, ne me faites pas rire,
Dupin, ne me faites pas rire.


Messieurs, sans la fidélité,
Il n'est honneur, ni probité;
La foi donnée est chose sainte;
Tenons nos promesses sans crainte;
Ce règne doit être honoré;
Tout pouvoir qui paie est sacré.
— Bien! dit Dupin, on ne saurait mieux dire...
— De grâce, mon cher, ne me faites pas rire,
Dupin, ne me faites pas rire.


On dira : Promettre à chacun,
Ce n'est rassurant pour aucun.
Erreur ! Tant que le pouvoir dure,

---

fliger aux membres des deux chambres présens à
Londres, savoir : MM. le duc de Richelieu et le duc
de Caylus pour la chambre des pairs, et MM. Berryer,
de Valmy, de Preigne, Blin de Bourdon, de La Rochejaquelein et de Larcy pour la chambre des députés.
— Une grave maladie avait retenu M. de Dreux-Brezé.

Nous ne souffrons pas de parjure;
Mais aussitôt qu'il est à bas,
Dam! Messieurs, c'est un autre cas.
— Bien! dit Dupin, ma foi, je vous admire...
— De grâce, mon cher, ne me faites pas rire,
   Dupin, ne me faites pas rire.


Messieurs, raisonnons froidement:
Si grave que soit le serment,
Le croire éternel est sottise,
Tout trône qui tombe le brise:
Un seul serment doit nous lier,
C'est celui qu'on fait le dernier.
— Bien! dit Dupin, ces mots sont à transcrire...
— De grâce, mon cher, ne me faites pas rire,
   Dupin, ne me faites pas rire.


Vous savez tous, d'après la loi,
Que la lettre seule fait foi;
Or, ni les Bourbons, ni l'Empire,
En droit n'ont un mot à nous dire:
On *prête* un serment, mais on peut
Retirer un *prêt* quand on veut....
— Bien! dit Dupin, Talleyrand nous inspire...
— De grâce, mon cher, ne me faites pas rire,
   Dupin, ne me faites pas rire.


Messieurs, il est moment pour tout.
Certes, quand la caisse est à bout,
Soutenir les gens est fort triste;
Mais l'ordre de choses résiste;
Se mettre contre le plus fort,
C'est un crime digne de mort.
— Bien! dit Dupin, qui s'y prend mal conspire...
— De grâce, mon cher, ne me faites pas rire.
   Dupin, ne me faites pas rire.

Franchement, pour un homme expert,
Berryer a fait un pas de clerc ;
Un prince sans liste civile !
Le fêter est d'un imbécile !
L'homme d'état doit prudemment
Savoir rafraîchir son serment.
— Bien ! dit Dupin, ces mots doivent suffire...
—Taisez-vous, mon cher, vous me faites trop rire,
Dupin, vous me faites trop rire.


FIN.

# TABLE DES MATIÈRES.

www.ingramcontent.com/pod-product-compliance
Lightning Source LLC
Chambersburg PA
CBHW071506030726
47593CB00003B/1174